渡辺一枝《わたなべいちえ》

ふくしま 人のものがたり

新日本出版社

目次

I

やりたいように、やってきた

大留隆雄さん

一、六角支援隊

初めての南相馬

3・11後に「福島に行きたい。福島を知りたい」と思っていた私だが、広い福島のどこに行けば良いのかが判らずにいた。原発事故から4ヶ月後の「脱原発ナガノ・2011フォーラム」で、『たぁくらたぁ』編集長の野池元基《もとき》さんの報告で使われた映像の中に「南相馬・ビジネスホテル六角《ろっかく》」の写真があり、建物の外観が写っていた。『たぁくらたぁ』は「信州発産直泥つきマガジン」と銘打つ季刊のミニコミ誌で、現在52号まで発行しているが、私は14号から関わりを持ち、3・11後は「聞き書き南相馬」を連載してきている。

それを見て私は、福島に行くなら南相馬のボランティアセンターに登録をして、ここに宿を取れば良いのだと思った。帰宅後に双方に電話をしてボランティア登録と宿の予約をした。

8月24日（2011年）の昼過ぎ、ビジネスホテル六角に着いた。応対に出た人は小柄だがしっかりした体躯の初老の人で、なんだか赤塚不二夫さんの漫画の主人公を思わせた。「予約をしている渡辺一枝《いちえ》です」というと、丁寧な口調で「南相馬は初めてですか?」と問われて、そうだと答えると、「何しに来たの?」と怪訝《けげん》そうにまた問われた。ボランティアだと答えた私を、頭から足の先までまじまじと眺め回して「ふ〜ん」と言い、「これから行くの?」と言うので、今日の受付は終わっているので明日からだと答えると「午後には豆腐が届くから、僕たちはその豆腐や他の支援物資を仮設住宅に配りに行くけど、一緒に行くかい」と誘ってくれた。それが、ビジネスホテル六角オーナーの大留隆雄《おおとめたかお》さんだった。

程なく大型コンテナ車が駐車場に止まり、そこから運び出された100箱以上の段ボール箱にはパック入りの豆腐が詰まっていた。大留さんは集まっていた人たちに◯◯さんたちはA仮設住宅へ、××さんたちはB仮設住宅へなどとテキパキと指図して、皆はそれぞれ支援物資を数台の乗用車に積み込んで、出発していった。私も大留さんの軽トラックの助手席に乗り仮設住宅に着くと、他の人に倣《なら》って支援物資を配った。そうと知らずに予約した宿が現地の市民ボランティアの拠点で、宿の主人がボランティアグループのリーダーだったのだ。集まっていた人たちはそれぞれ自身が被災者でありながら、活動に加わっているのだった。

配り終えた帰り道、大留さんは「津波の被害を見るといいよ。案内してあげよう」と言って、鹿島《かしま》区、原町《はらまち》区の津波被害の大きかった地域を通りながら説明してくれた。海岸線から3

キロも離れたような畑地に漁船が転がり、また乗用車や消防車が、あるいはコンテナ車が転がっていた。基礎だけ残った家の跡地に転がったテトラポッドを指して「これは1個が6トンもあるんだよ」と言った。道路脇には墓石もゴロゴロと転がっていた。

その晩食堂で夕食を摂り終えた頃、桜井勝延《かつのぶ》市長（当時）が顔を出し、大留さんと親しげに話しだし、私は〝時の人〟がそこにいることに驚きながら、話の内容からその地で起きていた産廃処理場建設反対運動「産廃から命と環境を守る市民の会」のことを知っていった。

翌朝出かけようとすると「どこまで行くの？　送って行ってあげるよ」と言ってボランティアセンターまで送ってくれ、「帰りも迎えに来てあげるから電話ちょうだい」と番号を教えてくれた。こうして南相馬のボランティアセンターでの活動の3日間、いつも大留さんは送迎をしてくれた。

翌月もまた私は南相馬のボランティアセンターに登録して、その期間中大留さんの宿に泊まった。

初めての時と同じように、着いた初日の午後は大留さんや地元のボランティアの人たちと一緒に、仮設住宅に支援物資を配りに行った。翌日からまたボランティアセンターの活動に加わったが、こうした公的機関の活動よりも、大留さんたちの「原発事故から命と環境を守る会」（後に「六角支援隊」と改名）の民間の活動の方が私には性に合っていると思え、六角支援隊の活動に関わっていくようになった。２０１１年は各地から届く食料や日用品の配布、冬に向かって冬物衣料や毛布の提供を呼びかけ、カンパを募って冬用下着を買って、それらを配布した。そうした品が必要なことは被災者の要望でもあったし、またそれを聞くまでもなく六角支援隊のメンバーも思いつくことであったが、大留さんはこんなことを言い出した。「物資を配っているだけじゃ、ダメだ。これからは生きがい作りだ。畑をやろう」と。

仮設住宅に行くと、先月までは元気に歩いていた人が１２月に訪ねた時には床に伏せっていて出てこない。具合が悪いのかと聞けば、寒いから動きたくない、何もしたくないというのだ。そうした姿を見ての、大留さんの言葉だった。仮設住宅にいる被災者たちは農業者だった人が多い。大留さんは懇意にしている鹿島区の農家の小林吉久さんに話をつけて、空いている畑地を無償で借りてビニールハウスを作る計画を立てた。だが、支援物資を持って仮設住宅に行った時に「今度ハウスを作るから野菜を作ってね」などと声をかけても、「今更畑なんかやりたくねぇ」などの声が返ることが少なくなかった。

借りた畑地は休耕田だったりしたから、ボランティアが石ころを拾い、鋤《す》き起こしたりして、ビニールハウスを立てた。「今更畑なんか」と言っていた人たちも、ボランティアのそうした姿を目にし、用意された農機具や種を目にすると、俄然やる気を起こして種を蒔き野菜を育て始めるのだった。それを見て大留さんは、他の土地も借りてビニールハウスや露地畑にしていった。

翌年になると大留さんは「今度は田んぼだ。市のＪＡ（農業協同組合）では米作りはまだやらないけど、試験田なら米作ってもいいのだから、試験田で田んぼだ」と、言い出した。そしてまた小林さんに相談して田んぼを貸してくれる農家を紹介してもらい、仮設住宅に隣接する休耕田を田んぼにして、その秋には３６俵の米を収穫した。農協で測定して貰うと精米で１６ベクレルだったが、検査してくれた人が白飯での再検査を助言してくれ、言われたようにしてみると、検出限界以下となった。検査をしてくれた農協と田んぼを貸してくれた人や田んぼのために世話になった人達に２俵ずつ御礼にして、残りは仮設住宅の人たちとボランティアに配った。

大留さんは、被災者に必要なのは物的な支援だけではなく畑や田んぼの活動のように体を動かして働く場、精神的な支援こそが必要だと考え、それを即実行に移す言行一致の人だった。

トークの会で

六角支援隊で大留さんと活動を共にする間たくさんの話を交わしてきたが、口先だけのことでなく行動に裏打ちされた話は、どれも聞いていて深く納得できる話だったり、腹を抱えて笑い転げるような話ばかりだった。私は震災の翌年春からトークの会「福島の声を聞こう！」として、被災現地の人の話を聞く会を東京で催しているが、大留さんの語りも多くの人に聞いてもらいたいと思い、そこで話してもらったことが2回ある。2012年3月7日の第1回集会で話してもらった時には地震と直後の津波の被害を語り、そして100人ほどの友人知人が命を落としたことを涙を浮かべて如実に話してくれた。2度目にお願いしたのは、被災から3年目を迎える2014年2月に開いた第9回トークの会だった。畑や試験田に取り組んだ後だったし、仮設住宅から退去後の生活を思いあぐねる被災者の様子などを話してもらいたかった。その頃は、仮設住宅を訪ねればいつも話題は、入居期限が切れたらどうしよう、ここで仲良くなった仲間達と別れたくないよね、というような話ばかりだったからだ。被災者達の置かれた立場や思いを伝え、それに対して国や県、市の方針がそれに沿っているのかということを話してもらいたかった。だが大留さんは、いきなりこんな風に話し出したのだった。

「僕は北海道の十勝で生まれて育ったけど、子どもの頃に年上の従兄が鉄砲持って訪ねてきて、兎狩りをするから勢子《せこ》になれと言われて僕と妹でスキーを履いて兎を追ったんです。スキーを履いてても兎に追い付けるもんじゃない。追っても追っても距離は縮まらないんです。そのうち従兄の姿が前方に見えたと思ったら、ズド〜ンって鉄砲が撃たれた。僕と妹は自分たちが狙われたかと思い、慌てて雪の上に伏せました。兎は直線に逃げるのでなく円を描くように逃げるので、従兄はその習性を知っていて、はじめに兎を見つけた場所で待ち構えていたんです。もう一つ別の話をすると、鶏を飼うのにケージに入れて夜も明るく照らして餌も昼夜与えていくと、鶏は昼夜が判らなくなっていつでも餌を食べ、卵を産む回数も多くなる。当然寿命は短くなるけど養鶏家は儲かるんです」

マイクを持ったまま立ち上って兎の格好を真似たりしながら身振り交えて話すので、参加者は笑い転げて聞いたのだが、私は福島の現状を話してもらいたいのに一体何を話し出すのだろうと聞きながらヤキモキ、イライラしていた。ところがそれに続けて言った。

「こんなふうに自然や本能は、とても大事なことなんです。原発はそれとは全く反対のことなんです。田舎に住めば春は山菜、秋には茸採り、川で魚を釣り、海で魚や貝、海藻を採って食べる。そんな風に自然に恵まれた中で、じいちゃんとばあちゃん、親子、孫と何世代もが一つの家族として暮らしてきたんだよね。それが原発事故で、家族はバラバラ。山にも川にも、海にも行けない。故郷を壊されちゃった。故郷を、自然を壊すのが原発なんですよ」と話を続けた大留さんに、ついさっき苛立ちを感じていた自分を私は恥じた。

大留さんは六角支援隊のリーダーとして支援物資の受付と配布、畑作り、試験田の他に、各地からのボランティアを受け入れて、また六角支援隊として企画して様々なイベントや炊き出しを行ってきた。講演の依頼を受けて、沖縄や横浜へも行った。次々にやるべきことを思いつき、それに向かって突き進むような毎日が忙しく流れていった。

その合間には段ボールや鉄くずなどの廃品回収もしていた。私も数回、大留さんと一緒に廃品回収に回ったことがある。一人暮らしのおばあさんの家に段ボールや新聞など紙ゴミを取りに行った時のことだ。おばあさんは「お茶飲んでけ」と私たちに声をかけ、大留さんと私は茶の間に上がってお茶をよばれた。大留さんは「どう？　最近は腰の痛みはなくなった？」などと声をかけ、しばらくの間、独居老女の話し相手になるのだった。

私はそんな様子を見て、廃品回収もまた大留隆雄流ボランティアなのだと思った。こうした廃品回収の収益は六角支援隊の活動に充てられていた。

だがこれは、当初、産廃反対運動の裁判費用捻出のために始めたことだった。1998年に当時の福島県知事（佐藤栄佐久《えいさく》氏）が「原町共栄クリーン」に対して、産業廃棄物最終処分場建設を許可し建設が進められようとしたのだが、建設予定地はビジネスホテル六角から500メートルほど離れた場所で、江戸時代に作られた農業用のため池がある場所だった。これを知った大留さんら周辺住民は「産廃から命と環境を守る市民の会」を立ち上げ、大留さんを会長に、桜井勝延さんが事務局長、「希望の牧場」の吉沢正巳《まさみ》さんを宣伝部長にして反対運動を起こした。大留さんは友人知人に幅広く支援者を募り、多数が「産廃から命と環境を守る市民の会」に加わった。

大留さん、桜井さん他の4名で元地権者から建設予定地の一部を買収して、工事禁止の仮処分申し立てをした。業者は処分場が完成すれば年間500億円の収益が出るから、なんとしても建設したい。

ある時は大留さんと桜井さんがホテル六角で話をしているところに産廃業者の男がやって来て、10億円の現金か、あるいは郡山のマンションを1棟やるから、反対運動から手を引くようにと迫った事もあったという。大留さんも桜井さんも男を相手にせず、そんなものは要らないからとっとと帰れと追い返したそうだ。そんな風に直接迫ってきたのは1度だけで、その後はビラを貼ったりするような嫌がらせは何度かあったが、家族や従業員に危害がなければ良いと大留さんは思っていた。一方、共栄クリーン側は、大留さんらの「工事禁止仮処分申し立て」によって不当に工事が中断させられたとして3億円の損害賠償を提訴し、地裁ではこれを認めた。大留さんらは控訴した。

仙台高裁で行われる裁判には、毎回バスを3台連ねて住民たちは傍聴に駆けつけたのだという。もちろん全員が法廷に入って傍聴することはできないが、みんなで裁判所をぐるりと囲んで、建設反対の意思表示をしたそうだ。バスをチャーターしたり参加者のお弁当代などで、1回行けば、10万円の費用がとんだ。大留さんの廃品回収は裁判傍聴に行く人たちの費用を捻出するために始めたことだった。1999年からのことだが、長期の裁判になったため、その後半からは弁護士と話し合って傍聴には行かなくなった。

高裁は一審判決を変更して賠償額を1億5000万円とした。大留さんはそんなものを払うのは嫌だからと、「財産持っていくなら持っていけ」とばかりに自宅所有地を担保に銀行から多額に借入をした。それで大留さんの担保地には莫大な借金があるので、担保地を入手すればその借金も背負うことになるから、相手は担保地を取るのを諦めた。賠償金は、当時市長であった桜井さんが自身の給与をその支払いに充てた。

ある日の新聞記事で、別の件で共栄クリーンの代表が刑事事件の被告であるのを知った大留さんたちは「廃掃法」を盾に、設置許可取り消しの申し立てをした。そして事業者の欠格要件が判明し、設置許可は取り消された。裁判では負けたが、処理場建設は阻止された。

これで廃品回収も終わらせても良かったのだが、大留さんは続けた。家庭で出る段ボールや雑誌、新聞等の紙ゴミ、また様々な廃品の処理に困る人たちから、取りに来て欲しいと声がかかることがあったし、引き取ってきたものの中にはまだ使える電化製品やサッシの窓枠、バスタブなどもあり、そうした品は自分で保管しておいた。そして自身が経営するビジネスホテルを増築する際に、それらを利用した。実際、このビジネスホテル六角は最初に建てた棟の他に増築された棟もあり、また食堂と繋げてコンテナを利用した部屋が2部屋あった。コンテナの大部屋と中部屋だが、浴室のバスタブや洗面台などは廃品として回収したものを利用していたし、それにコンテナ自体も、廃品だったものを運んできて、窓はないが畳敷きの部屋に造り変えたのだった。宿泊客が利用できる数台の洗濯機もまた、廃品だったものだ。大留さんという人は「天才バカボン」の親父さんのように見えていて、生き抜く力が旺盛な人なのだと思った。

廃品回収で手に入れた品々をこんな風にうまくリサイクルする大留さんは、ホテルの経営者になる前には幾つかの職業を経験している。砂利屋、魚屋、土木建設業、蕎麦屋、それにこの廃品回収は商売ではなくボランティアで始めたことではあるけれど、職業的な業者と同様の体験なのだと思う。

そうした職業遍歴の折々に起きた出来事や体験談を、夕食後のひと時に大留さんから聞くのは、語り口調の面白さも相まってまるで冒険譚を聴くようで楽しい時間だった。

「蕎麦屋をやってた時に、『蕎麦が好きだからあちこちに行って蕎麦食べ歩いてるけど、こんなにまずい蕎麦は食べたことがない』ってお客さんに言われたよ。だけどその人、まずけりゃ一口で止めりゃぁいいのに残さないで食べたんだよ。残したら、金返そうかと思ったんだけどね。まずいって言われたって、看板に〝うまい蕎麦〟って書いてあるんなら文句言われてもしょうがないけど、ただ〝蕎麦〟としか書いてないんだからね。だから、巡り合わせが悪かったですねとしか言えないよ。まずいと思ったら二度と来なけりゃいいんだから」。国道に面した店だから食べに来る人は、大抵は通りがかりの一見《いちげん》客が多く、「食えないほどまずけりゃしょうがないけど、そうでなきゃ、うまくなくたっていいんだよ」というのが、蕎麦屋時代の大留さんの言い分だった。

親父の行方を知ってますか?

2015年になると仮設住宅から退去する人たちも増えてきて、2016年に六角支援隊は活動を閉じ、ビジネスホテルの経営を息子に譲渡した。支援隊の活動は閉じたが窓口は開けていて、取材があれば応じ、請われれば被災地の案内をしていたが、次第に取材も訪問者も無くなってきた。まだ仮設住宅に残っている人や仮設住宅から復興住宅に移った一人暮らしの人を「元気かい?」と言って訪ね、話し相手になりながら彼らの様子に心配る大留さんだった。

被災者支援のボランティア活動を閉じ、15年の長きにわたって闘ってきた産廃処理場問題も一件落着し、ホテル経営も息子に譲った大留さんは、きっとあちらこちらへ「フーテンの留さん」よろしく旅に出るのだろうと、私は思っていた。六角支援隊で活動していた頃のパワー溢れる大留さんを私は、「フーテンの留さん」とか「バカボンの親父さん」と呼んだりしていた。六角支援隊に私が関わるようになってからだけでも、ボランティア活動の合間を縫って大留さんはしょっちゅう旅行に出ていた。息子のSさんからの電話で「一枝さん、親父はどこにいるか知ってますか?」と、大留さんの行方を尋ねてくることがたびたびで、その度に私は「え? 知りませんよ。またどこかへ出かけちゃったんですね」と答えるのだが、そんな風に家族にも仲間にも何も言わずに、ふらっと旅に出る大留さんだった。行き先はフィリピンやベトナムなど東南アジアの国々、近場では沖縄などだった。

大留さんの旅行好きは六角支援隊活動以前からのことで、夕食時などによく旅の思い出話を聞かせてくれた。初めて行ったのは韓国へのツアー旅行で、「こっちはお客さんで行ってるのに、ガイドは何処かへ着くたびに『ここで日本人はこんな悪いことをしました』って、そんな説明ばっかなんだよ。せっかくの旅行なのに悪口ばっかり聞かされて腹が立ってきてね」と言ったが、その後も何度か韓国には行ったらしい。行くとコチジャンなどを大量に買ってきて、その頃はビジネスホテル六角では食事も出していたから、重宝して使っていたようだ。初めの頃は旅行会社の募集する団体旅行で行っていたがそのうち旅行会社にチケットのみ頼んでの、一人旅に切り替えたという。一人の方が自由がきくし、気ままに現地の人の暮らしぶりを見たいからということからだった。大留さんは現地の言葉はもちろんのこと英語も話せないし、行った先の相手が日本語を判らなくても、そんなことは何のその、身振り手振りでなんとか意思疎通ができるという。

行く先は東南アジアなので良からぬ目的を勘ぐる人もいるかもしれないが、大留さんの場合は全くそれは当たらない。

例えばフィリピンで、スーパーで買い物をした時に応対してくれた女性店員が故郷の島からの出稼ぎだと聞くと、彼女が休みの日に家に帰る時に、大留さんはお土産をいっぱい買い込んで彼女と一緒に彼女の村に行く。すると近所の人たちもみんな出てきて珍しげに大留さんを囲む。多分、その村に日本人が訪ねて行ったのも初めてのことだったかもしれない。大留さんが持って行ったたくさんのお土産は、集まったみんなに分けられてしまう。それを見て大留さんは、一緒に行った店員の家族にと思って持って行ったので唖然《あぜん》とするが、そこでは物を分け合うのはごく当たり前のことなのを、その村で一晩か二晩過ごす間に知るのだった。

またスモーキーマウンテンでゴミ漁りをする子どもの姿や、ベトナムではハンディキャップのある人がスケートボードのような物に乗って、手でパドリングするように車列の間を縫って道を渡る様子に、生き抜く力の逞《たくま》しさを見出した。またある時は空港で警官から本来は必要のない書類を持っていないことを咎《とが》められ、困っているとその警官が書類に何か書き込んでくれて礼金を要求されて渡したが、通関する時にその書類を見せると必要のない書類だと言われた。大留さんは戻ってさっきの警官のところに行き、お金を取り返したそうだが、人間の、特に官憲の、そんなずるさもまた万国共通だと思ったという。ある時は脂汗を流して苦しんでいる路上生活の女性を見て病院に連れて行き、治療費入院費を出して助けたこともあったという。

そんな現地の人たちとの触れ合いばかりでなく、大留さんの旅話には抱腹絶倒話もまた数多くある。その一つはこんな話だ。帰国しようと思って空港に行き搭乗手続きをした。そこで気づいたがチケットは前の日の日付で、大留さんが帰国日を勘違いしていたのだった。空港職員に幾らかのお金を渡してなんとかして欲しいと頼むと、彼女はOKと言って日付を書き直し、離陸時刻が迫っていた搭乗口まで一緒に走りフライトアテンダントに何事か伝えた。大留さんに用意された席は、他の乗客と向き合った位置にあるフライトアテンダントの席だったという。想像するだに笑えてくるが、本来なら若い女性の客室乗務員が座る席にバカボンの親父さんみたいな男性が座っていては、他の乗客たちも、また大留さんにしても、互いに目のやり場に困ったのではないだろうか。しかも、しかも大留さんはエコノミークラスチケットだったのに、用意された機内食はファーストクラス用のものだったという。大留さん、その食事ものどを通らなかったのではないだろうか。

またこんなこともあった。仙台空港から直行便が出ている地へ行くなら、そこからの往復チケットだが、成田空港からなら成田空港への往復乗車券と成田からの往復航空券を予め入手していく。ある時仙台から東京への新幹線が事故か何かで大幅に遅れた。予約便には到底間に合わないので空港に連絡すると、幸い翌日の便に振り替えができ、帰りの便も1日後の便に振替えた。その晩は大宮の姉の家に泊まり翌朝大宮駅から成田空港へ行き、無事に搭乗できて予定地に着き、恙無《つつがな》く旅を終えて帰国の途についた。成田空港駅から上野駅に着いた時、手持ちのお金は500円ばかりだった。上野駅で常磐線のホームに向かう時に駅そばが目に付いた。うまそうな匂いも漂ってくる。帰りの乗車券は持っているから、手持ちの500円を使い切っても構わない。よし食べていこうと思った。好きで出かける海外で、旅行中は旅先の食事で何の不満も無かったが帰ってきて駅そばの看板が見えた途端に、日本の味が恋しくてたまらなくなったのだった。500円で20円のお釣りがきた。お腹もいっぱいになって満足して電車に乗ろうとしたら、「お客さん、これは昨日の乗車券ですから乗れませんよ」と言われた。サァ、大変。大留さんは、事の始めは予定していた出発日に新幹線が大幅に遅れた事が原因なのだと言っても、そんな理屈は通らない。そこで家に帰ったらちゃんと乗車賃を後払いするから、なんとか原ノ町駅まで帰れるようにして欲しいと頼んだ。駅長は原ノ町駅に電話をし、こういう人が後日そちらに乗車券代を払いに行くから受け取って、受け取ったらこちらに連絡をして欲しいと伝えた。そして大留さんには、車内で検札が来た時などに見せるようにと紙に一筆書いて持たせてくれた。それで無事に常磐線に乗って原ノ町駅にたどり着き家に帰ることができたのだった。

もちろん翌日すぐに原ノ町駅に行って切符代を払ったというが、私はその話を聞いた時に、60過ぎた親父さんのこんな失敗話にお腹の皮がよじれるほど笑った。そして思った。大留さんは、愛すべきバカボンの親父さんなのだと。

大留さんの旅話は、失敗談や笑い話ばかりではない。ミンダナオの山の中には日本兵の墓があると聞き、その地へ詣《もう》でようとして、銃弾が飛び交うゲリラが潜む森へ入り込んだこともあったという。またもっと別の時、その時の話もまた、手に汗握るような話だった。旅先で下血したという。下着の替えは持って出ていたがズボンは持たずに出たのでスーパーで買って着替え、病院に行ったが日本語が通じる訳はなく、でも下血も収まったのでそのまま旅を続けたという。どんな話であっても大留さんの話は聞いていて飽きることはなく、もっと聞きたいと思う話ばかりだった。

いつも家族にも言わず、誰にも言わずにふらっと旅に出てしまう大留さんだが、それにしても、なぜ家族が気付かないかというと、気付かれないように出る大留さんの策略があった。荷物は大した量ではない。暑いところに行くのだから、着替えの2、3枚あればいい。ボストンバッグ一つを前の晩に軽トラに乗せておいて、朝はいつも近所に買い物や病院にいく時に持って出る小さなバッグだけ持って家を出る。軽トラで仙台に行き、最寄りの駐車場に車を止めて飛行機で、あるいは新幹線で出発するのだが、妻のサキさんも息子のSさんも、病院にでも行くのかと思っている。確信犯の大留さんなのだ。

大留さんはいったいどんな子ども時代を過ごしてきたのか知りたくて、来し方を聞かせてもらった。

二、大留隆雄さん一代記

生い立ち

話は明治の廃藩置県の頃に遡《さかのぼ》る。

大留さんの曽祖父は、相馬中村藩の殿様に仕えていた。「お羽織御免」といって羽織・袴無しで殿様の部屋に出入りが許されていた身分だったと大留さんは言うが、それが具体的にどんな役目なのかは知らない。毒味役か御庭番だったかもしれないという。明治のご一新、廃藩置県で相馬中村藩は消滅し、中村県となった。

曽祖父が初めに北海道の地を踏んだ帯広の平野だったから、そこで農業を目指せば良かったのかもしれないが、祖父は奥地へと向かい、木を伐採して炭焼きをしながら開拓していき、湿地に居ついてしまったらしい。

祖父たち相馬からの入植者の近隣に、いわきから入植してきた小湊姓の人たちがいた。大留さんの父親はいわきから入植した小湊姓の女性の家に婿入りしたが、小湊姓を名のらず大留姓での結婚だった。開拓者の貧しい暮らしの三男だった父親は生地には嫁を迎える家は無く、小湊の家で新居を構えながら、しかし大留姓を名乗っていたわけだ。

ここでは山地を開墾しながら農業が営まれていたが、畑地の真ん中には大きな切り株がそのまま残ってもいるような畑だった。切り株といってもその大きさは半端ではない。子どもが、4人で手を繋いでも周囲を囲みきれない大きさだったという。そんな切り株がたくさんある畑地だった。大留さんが生まれ育ったのは、「こんな根っこ株なければいいのに。じいちゃんらは苦労したんだな」と子ども心にそう思った地だった。この地、北海道十勝、上士幌《かみしほろ》で昭和13（1938）年12月20日に、大留隆雄さんは、父・誠、母・スエの長男として生まれた。干支は寅だ。本当の生年月日は前述の通りだが、出生届は昭和14年1月2日となっている。そのわけは、生まれた時には雪が深くて役場に行くことができず、届け出に行くことができたのが、年明けの2日だったからだ。

きょうだいは8人、姉、隆雄、妹、弟、その下に妹が3人続き、一番下は弟で末男といった。父は部落のまとめ役や神社の氏子総代などの役目を一人で全部負っていたので忙しく、畑仕事はしていなかった。母が一家の大黒柱となって、子どもらに手伝わせながら畑をやっていた。畑で作っていたのは麦、大豆、かぼちゃ、とうもろこし、ジャガイモなどで、自給自足の暮らしだった。

小学生時代

隆雄さんが学校へ入学したのは、昭和20(1945)年で入学時は国民学校初等科だったが、敗戦後教育制度が変わり、記憶にある学校名は上士幌町萩ヶ岡小学校だ。のちに上士幌小学校に合併したが、隆雄さんが入学した当時の萩ヶ岡小学校には奉安殿があったことは覚えている。入学した年の夏、天皇陛下の放送があるというので、ラジオのある大留家に部落の大人たちが集まり、戦争に負けたことを知った。大人たちは泣いていた。教科書は所々黒く塗られて、文字が消されている教科書だった。黒塗り教科書ではなくなったのは3年生になった頃からのことだった。上級生からもらって使っていた。先生は、子ども心にも教え方がヘタクソだなぁと思えて、後になってその人は大学出の有資格者などではなく、どこかの農家のオッチャンが先生だと名乗って採用されたのだと判った。敗戦後の混乱期では、そんなものだった。

その頃の隆雄さんはすぐ下の妹とその下の弟と毎日遊び、この妹、弟が入学後は、学校へも一緒に行った。また学校への行き帰りは近所の友達もいつも一緒だった。その下の妹や弟とは年も離れていたから、隣近所の友達の方が、下のきょうだいたちよりもずっと親しくて、今でもよく覚えている。隆雄さんは家に帰ってカバンを置くと水を一杯飲んで、すぐ畑に行って母親の仕事を手伝うのが、いつものことだった。すぐ下の妹や弟も時には一緒に畑の手伝いをすることもあったが、二人は家にいる祖母の手伝いをしたり、下のきょうだいの世話をしていることが多かった。ご飯を作ったり洗濯をしたりの家の仕事は、祖母がしてくれていた。小学校に上がった頃は長靴がなくてトウモロコシの皮で編んだ靴を履いたがそれを編んでくれたのも祖母だったし、雪の無い季節は素足にわらじだが、わらじも祖母が編んでくれた。

学校からの帰り道、食べられる木の実や草の芽などを採って食べながら帰ったのも良い思い出だ。家に着く頃には口の中が真っ黒になっているようなこともしょっちゅうだった。小学5

年生のある日のことだ。その日も、もう芽が伸びてきていた豆やジャガイモの畑の草取りをして夕暮れた頃、母と一緒に畑から戻った。夕飯を食べている時のことだった。隣の家のおじさんが「隆雄！　家の娘に何を食わせたんだ！」と怒鳴りながら、血相変えて飛び込んできた。いつも一緒に学校に行く2年下の女の子の父親だった。身に覚えがないので、何も食べさせなかったと答えたのだが承知せず、少女は激しい嘔吐と意識不明で生死の境にいるというのだ。何をしたのか駐在に行って話を聞くということになり、父も同伴しておじさんと一緒に駐在所に行った。

駐在に行って、隆雄さんは話した。その日の下校時、これまでに食べたものにどんな珍しいものがあったのか、互いの自慢話になった。パイナップルの缶詰などがまだ一般に出回っていなかった頃のことだったから、それを自慢するものもいた。隆雄少年は自分で罠を掛けて捉えたウサギの肉を自慢した。みんなが自慢話で盛り上がっていた時に、水辺にカエルの卵を見つけた少女は「私はこれだ」と言って、ゼリー状のカエルの卵を飲み込んだのだった。隆雄さんの話を聞くと近所のおじさんは、「それだ」と叫ぶなり、娘がいる病院に駆け込み医師に話した。医師は、即座に少女の胃洗浄にかかった。

少女は一命を取り留め、隆雄さんへの誤解も解けて事件は一件落着となったが、治療にあたったお医者さんには、カエルの卵は寒天みたいで美味しそうに見えるが、強い毒があるから、決して食べてはいけないと言われた。それまで隆雄さんは、鳥や他の動物がカエルの卵を見向きもしないのを不思議にも思わず、ただそういうものだと思っていたのだが、お医者さんの説明を聞いて初めて、自然界のことは当たり前だと思って疑問を持たないでいることにもちゃんと理由があるのだと知った。

学校の図書館には『世界名作全集』があった。隆雄さんは学校から帰ると母を手伝って畑の仕事をしていたので、友人たちと遊ぶ時間はなかったが本はよく読んだ。学校に行って友達が、例えば「トムソーヤの冒険」のことを話していれば、本を読んでいなければ話題に乗れない。友達が読むのに負けないように本は読んだし、読書は好きだった。図書館の『世界名作全集』は全部読んだ。だが、一生懸命勉強して上の学校へ行こうなどという気持ちは生まれなかった。勉強での競争心はなかった。両親も勉強しろなどということはなかったし、義務教育の中学を出たらそれでいいと、本人も親も、そう思っていた。もっとも、その頃のこの辺りではひとクラスに40人くらい生徒がいる中で、高校に進学するのは半分くらいの数で、後はみんな、農業や家業など家の仕事を手伝うのが普通のことだった。

小学校を卒業した隆雄さんは上士幌町萩ヶ岡中学校へ進学した。中学校では絵画クラブに入り、俳句を作ったりもした。絵を描くのは好きで、中学生の絵画展で賞をとったこともあった。写生が得意だった。小学生だった時よりも学校で過ごす時間は長くなったが、それでも学校から帰ると畑の仕事を手伝った。小学校も中学校も同じ敷地内にあったから登校時は妹や弟と一緒に行ったが、下校時は中学の友人と肩を並べて帰るのだった。

中学時代の小遣い稼ぎは、罠を仕掛けて獲ったウサギやイタチの皮を売ることだった。

家の近くに川が流れていたが、その川にエサを入れた筒を沈めておくとそのエサを食べようとしたイタチが筒に首を突っ込み筒の入り口の紐が締まってイタチは逃れられなくなる。隆雄さんは「食べ筒」と呼んでいたが、括《くく》り罠の一種だ。イタチは鶏小屋を襲う害獣でもあって、この辺りには多くいたから罠を仕掛ければたびたび掛かった。だが冬、川が凍ると、この猟は出来ない。イタチは凍った川面を走って逃げてしまうからだ。大地が雪に埋もれる冬はウサギ獲りに精を出した。罠を仕掛けて、仕掛けが見えないようにうっすらと雪を被せておく。罠に掛かったイタチやウサギは、父親が皮を剥《は》ぐ。剥いだ皮は裏側に付いた血や汚れを拭ってから開いた形で壁に釘で止め付けて乾かす。一度だけだったが、キツネを獲ったこともあった。キツネを獲るには中に爆薬を入れた餌を置き、食べると口の中で爆発する仕掛けだがキツネは即死ではなく逃げ走ってどこかで倒れるので、そんなキツネを隆雄さんが見つけて持ち帰ったのだ。餌を仕掛けたのはどこの誰かは判らないが、そのキツネの皮も父が剥いだ。イタチやキツネの肉は食べないが、ウサギの肉は食べた。ウサギが罠にかかった日は、ウサギ汁のご馳走だった。祖母は、肉を洗って上手に関節から分けて骨を外し、小さく切った肉と野菜を鍋に入れてウサギ汁を作ってくれた。

干した皮は、父が町に行く時に持って出てよろず屋のおじさんがそれを買い取った。

家に戻った父は、1枚300円で売れたと言って隆雄さんにその金を小遣いにくれた。隆雄さんはそのお金でクレパスやお菓子を買おうと思ってよろず屋に行くと、おじさんが「お前は罠を仕掛けるのが上手いようだな。親父さんが皮を売りに来たから買ったよ」と言った。「うん、1枚300円で売れたって言って、小遣いをくれたから買い物に来たんだよ」と答えるとおじさんは笑って「お前は親父に騙されたな」と言いながらクレパスと菓子を売ってくれた。おじさんは父親に1枚500円を払っていたのだった。それでもイタチはしょっ中罠にかかったから、月に1500円くらいの小遣いにはなった。

呑んべぇの父が茶の間で呑み始めると、隆雄さんは側へは寄らなかった。呑んで乱暴を働くことは無かったし呑みグセが悪かった訳ではないが、「呑む」こと自体が嫌で近寄らなかった。母は働かない父に代わって一家の大黒柱で朝から晩まで働いて生活を支えていたから、寛《くつろ》いで子どもと話すなどということはなかった。毎日のように母と一緒に畑仕事をしていたが、仕事中は話をする余裕も時間もなかった。二人ともただ黙々と働くだけだった。ご飯を作ってくれたのは祖母だったし幼い日に一緒に寝てくれたのも祖母だったから、隆雄さんは今でも祖母に一番親しい思いを抱いている。

青年団

中学校卒業後は高校へは行かずに、農業をしながら萩ヶ岡青年団に入った。青年団は地域の先輩や同級生もいて、そこでは植林や登山、演芸会など様々な活動をした。荒地を自分で開墾して、己の畑を持った。自分で耕し栽培法も工夫してメモを取りながら、豆を育てた。その記録を青年団で発表もした。隆雄さんは自身でも思うのだが、バカ真面目でサボったり怠けたりすることは決してしなかった。太陽が顔を出す前から畑に行き、働いた。それを苦に思うことは決してなく、工夫しながら成果を出していくことが楽しくてならなかった。暗くなって畑から戻ると、祖母が食事を作って待っていてくれた。朝出かける時に大きな握り飯を作ってもたせてくれたのも、祖母だった。

萩ヶ岡青年団の団員は70人ほどだったが、3年目に隆雄さんは団長になった。上士幌町の他の部落にも青年団があり、団長たちは仕事を終えた後でしばしば会合を持った。自分たちの活動を話したりしながら互いに刺激しあって、親睦を深めるのだった。会合のある日は、終わって家に帰ると11時、12時になっているので翌朝また早く起きるのは大変だったが、苦には思わなかった。他の部落の青年団の活動を知ることで発奮して、逆にやる気が湧いてくるのだった。

冬は家計の助けにと、日給稼ぎの「山子」の仕事に出た。鉱山の木柱をトラックに積んで運ぶ仕事だ。1本はせいぜい背の高さほどの長さだが、鉱山の木柱だから硬質で重たい木だ。同級生と二人で組んで山に入った。伐採された材木が積んであるところでトラックが来るのを待つ。トラックが来たら荷台への足場を組み、トラックに材木を運び込む仕事だ。トラックが到着するまで隆雄さんたちは小さな小屋にいて待つのだが、時には雪でトラックが来ることができないこともあった。小屋の中とはいえ深々と降りしきる雪の山中で、寒さに震え食べるものもなく、このままでは死んでしまう、助けを呼ばねばと思うこともしばしばあった。そのうちに遠くから微かに車のエンジン音が聞こえて、胸を撫で下ろすのだった。土方が1日500円だった頃で、山子の労賃は300円か250円だったそうだ。

雪が溶けて春になれば、畑の仕事だ。畑の草取りは大変な仕事だが、どこの家でも父親が馬を使って畑の間を掻《か》いて草を取っていた。隆雄さんの家では父が働かないので手で草取りするしかなかったが、畑の草は手で取りきれるものではなかった。隆雄さんは自分が馬を使ってするしかないのかなと思っていたが、そんな頃に、旭川に出てきて働く気はないかという誘いを受けた。隆雄さんが23歳の時だった。

夏は砂利屋で冬は魚屋、そして結婚

それは旭川の砂利屋の仕事で、中学の時の先生のおじさんにあたる人がやっていたのだが、そこで人を募集しているというのだ。もともとこの話は隆雄さんにきた話ではなく、隆雄さんのすぐ下の弟に、先生が持ってきた話だった。だが弟は行きたくないと言い、それを知って隆雄さんは、次男の弟に家を継ぐようにと言い、長男の自分が旭川に出て砂利屋で働き始めた。しかし、家を継ぐように言った弟も、結局は農業が嫌で一年後には旭川に出てきて勤めるようになった。

その頃はまだダンプカーも珍しかった時代で、ダンプカーが来ると手でスコップを使って砂利を積んだ。砂利でも砂でも、1日にダンプカー3台も積む毎日だった。疲れ知らずの若い頃だったから、石炭スコップと呼ばれる幅広で大きなスコップでよく仕事をした。仕事をサボることはなかったので親方には褒められた。

住居費も食費も給料から差っ引かれていたかもしれないが、隆雄さんはもらった給料は一銭も使わず親方に預けて貯めていた。着るものも買わないから、着たきりすずめだし履いている長靴は先がぱっくり開いたのを荒縄で縛って履いていた。社宅の風呂に毎日入っていたから、体は汚れてはいなかったものの、見てくれは乞食だってあんな格好はしないだろうという有様だった。見かねた親方に、代金は後で払ってやるから街の靴屋に行って新しい靴を買うようにと言われて、靴屋へ行った。品定めに店に入ろうとする隆雄さんを、店の主人は物乞いの浮浪者が来たと思ったか「シッ、シッ」と手で払って追い返そうとした。隆雄さんは主人に、砂利屋の従業員で親方に言われて靴を買いに来たと事情を説明し、嘘でないから親方に電話で確かめてくれと言った。親方と電話で話し終えた主人は新しい靴をもたせてくれたばかりでなく、「若いのに真面目でよく働く感心な人なんだね」と褒め言葉を言い、土産に菓子を持たせてくれた。

砂利屋は重機の整備も必要だったから、重機関係についてはここで覚えたし免許も取った。仕事をサボることは決してなかったし、親方には褒められたが、しかし人に使われて仕事をするもんじゃない、バカバカしいとも思う隆雄さんだった。

そんな風にして金を貯めて土地を買い、3年目に2戸建の貸家を作った。買った土地を担保にして銀行から借り入れて作ったのだ。そこを貸して、毎月家賃が1万円ずつで、計2万円の収入になる。自分の給料と変わらないくらいだった。それで借金を返済していって、いくらも経たないうちに払いきった。

29歳になろうとする年の暮れに実家から連絡があって、大事な話があるから正月には帰って来いと言われて実家に帰った。実家に帰るともう段取りはされていて、いきなり明日は見合いをするのでそんな格好ではダメだから背広を買うようにと店に連れて行かれ、吊るしの背広を買った。まだ結婚する気などなく相手と会った。帯広の映画館の切符売り場で働く女性で、サキという名だった。見合いの席が終わって相手を送っていくように言われ二人で外に出て送り届けた。特に印象に残ることもなくこの人と結婚したいとも思わず、諾とも否とも言わずに正月過ぎたら旭川へ戻る気でいたが、その翌日はもう祝言の宴が用意されていたのだった。つい3日前までは結婚など思いもよらなかったが、やがては結婚して家庭を持つのが当たり前だと思っていたし、突然の成り行きではあったが拒む理由もなかった。こうして惚れた腫れたなどという感情とは全く無縁だったが、周囲の手回しに双方の異論もなく、結婚が成立したのだった。29歳になったばかりの時だった。笑い話のようだが、サキさんは「大留」の姓を「早乙女」と聞き間違えていて、早乙女さんという名なら、きっと、礼儀も道理もわきまえたきちんとした家柄に違いないと思っていたそうだ。

結婚した時に2戸建て貸家を売って、その金でまた土地を買って家を建てた。自分たちが住む家を建てたのだが、その頃は一般の人たちも自家用車を持ち始めた頃で、隆雄さんも乗用車が欲しいばっかりに、またその家を売って、中古の車を買った。その頃は別の砂利屋に勤め先を変えていて、今度の砂利屋も社宅があったから、家を売っても住むには困らなかった。車を買ってもまだ金は残っていたので、それでまた土地を買った。田んぼだった土地だが砂利屋だったから自分でダンプカーを運転して砂利を運んで埋め立てて、土地を均《なら》して家を建てた。土地だけなら安かったが、そこに家が建っていると高く売れるからだった。

砂利屋には7年間いたが、北海道では砂利屋というのは夏の仕事で、雪に覆われる冬は仕事ができないから、失業保険をもらいながらスーパーの魚屋でアルバイトをした。朝3時頃に市場へ行き兄弟子が競りをするのを見て覚えた。兄弟子が辞めていなくなったら自分が手を挙げて競り落とさなければならなかったが、これが大変だった。ボヤボヤしてると欲しいものを買い付けられないから、なるべく早く手を挙げる。早く挙げすぎて一番初めになってしまい、高いものを買うはめになったりする。

そんな失敗を繰り返して、慣れてくると相場が判ってくるのだった。手を挙げるには、買い値を表す独特の手指の形があるが、同時に手を挙げた何人かがいれば、競り人は買い手が挙げた手指の形を見て落とす。だがその時にもまた同じ買い値を表した人がいれば、売り手はよく知った相手に落とす。売り手に自分を覚えてもらい、被っている帽子を見て屋号を呼ばれるようになるまでが大変だった。高いものを買ってしまった時には仕方がない。10時頃スーパーの店に戻り開店までに値段をつけるのだが、大きな魚は三枚におろして刺身にして値をつける。買った値段を覚えていないからそれもまた難儀だった。でも小売値にも相場があるから、だいたいこれは◯◯円でないと売れないと判るので、適当な値をつけて売った。

冬にスーパーの魚屋で働いたのは3年くらいで、その後はいろいろなアルバイトをした。夏は砂利屋で、冬は測量やダンプカーの運転、旋盤工や山子などだったが、重機を扱う仕事もした。そして、夏と冬とで違う仕事という不規則な働き方から、年間通じて働く仕事に就くことにした、つまり砂利屋を辞めた。

砂利屋にいた頃の弟子が砂利屋を辞めて土木屋に入っていた。彼は「3年くらいやったら独立するから、その時は来て欲しい」と言って砂利屋を辞めていったのだが、ちょうど3年ほど経っていて彼は土木屋の親方になって隆雄さんを呼んだのだ。こうして土木屋になった隆雄さんは、下っ端の時代を経験せずに土木屋のリーダー株になって人を使うようになった。そうは言っても、スコップの裏と表も判らないで入った仕事だったから、苦労もあった。

土木屋は、夏は北海道で仕事をし、冬は内地に行って仕事をするのだった。宮城県の白石などに2年いたこともある。土木の仕事は圃場《ほじょう》整備や排水溝を掘ったり、様々だった。

ブルドーザーで田んぼを広げたりするし、いろいろな重機を扱うので大型重機の免許はすべて取った。免許だけで7種類以上あった。そして2級土木士の資格を取ると2000万円の仕事を請け負うことができた。ちょうどその頃日本では東京オリンピックは終わって大阪万博が始まる頃だったが建設ブームは続いていて、資材、セメントやコンパネなどが不足した時期だったが、とにかくよく働いた。

その頃は一生懸命よく働いたが、また旭川の夜の街でよく遊びもした。ポケットの両側に現金を入れて飲み屋に繰り出し、人夫を30人くらい使っていた頃だったから、彼らを連れて行くこともあり、あの店この店と飲んで歩いて徹底的に飲み明かした。だが遊ぶだけではなかった。もう一軒、家を建てたのだ。今度は貸すとか売るとかが目的ではなく、自分たち夫婦が住むための家だった。家は建てたが仕事は忙しかったし現場は旭川ばかりではなかったから、長男が生まれると妻と子どもは実家に預けた。実家にいるのだから食べるには困らないはずだと思って金も送らず、夜毎飲み歩く隆雄さんだった。

福島へ移住

結婚した年に長男が生まれ、その3年後に次男が生まれ、また5年後に長女が生まれた。長男が小学校を卒業する頃に、隆雄さんは北海道に家族を残して単身で福島に渡った。まず隆雄さんが一人で出てきて家族の住まいを確保して、土木会社を起こすことにした。北海道で土木屋をやっていた時にも、冬は本州で仕事をしていたから、同業者の知り合いも何人かいた。重機を所有していながら雇われ仕事をしている者もいた。彼を引き入れて社長にし、隆雄さんは専務として会社を起こしたのだ。そしてこの辺りで手広く仕事をしていた庄司建設の下請けとしてやっていく道をつけ、現在の住まいの近くに家族で住むためのアパートを借りた。当時は原町市《はらまちし》といったが、後に平成の大合併で鹿島町《かしままち》、小高町《おだかまち》と合併した南相馬市原町区の大甕《おおみか》だ。サキさんが子どもらを連れてやって来たのは、長女が4歳の時だった。家族で北海道を引き上げて本州で暮らすことにした時に、旭川の家は売った。

隆雄さんは庄司建設から回される工事を、材料込みの7掛けで請け負って仕事を始めた。土木の仕事は元請けに顔が利けば下請けとして仕事は取れる。あまり難しい仕事はできず、主に基盤整備と道路工事などだったが、基盤整備は市内だけではなく富岡や大熊《おおくま》など相双《そうそう》地区の各地で作業した。土木の仕事は、当時の日本の経済成長の波に乗って順調だったから、旭川時代と同じように、隆雄さんは夜の街に繰り出しては飲み歩くことが多かった。

ある晩、隆雄さんは夢を見た。河原の草藪《くさやぶ》に小さな掘建小屋があって、そこに一人の女が佇《たたず》んで助けを求めている夢だった。なんだか妙にリアルな夢で、目覚めてからも背筋がゾワゾワと薄ら寒かった。嫌な夢を見たなぁと思いながら起きて、いつも通りに起きて顔を洗い朝食を食べているうちに、夢のことは忘れていた。その日もたっぷり汗をかき、1日の仕事を終えて帰路に着いた。川の土手の道を走っていた時にふと中洲を見ると、見覚えのある小屋が目に入った。何かそこに忘れ物をしていたような気がして、隆雄さんは小屋に行った。目に入ったのは女性の縊死体《いし》だった。すぐに警察に通報した隆雄さんは、第一発見者としていろいろ聞かれたが、夢の話はしなかった。だが、隆雄さんがそんな予知夢を見たのは、これが初めてではない。以前にもこれに類した奇妙な体験をしたことがあったが、そんなことがあったすぐ後では、身近に接している人に茶飲話に語りもしたが、殊更に吹聴することはなかった。

福島に来てすぐに仕事も順調に運んでいた隆雄さんは、また家を作ろうと思った。

家を作ることを、一大事業のように大げさに考えたことのない隆雄さんだった。現在の住居の場所に1200坪ほどの土地を求めた。これは個人の住宅にはあまりにも広過ぎるが、土地さえあればどうにでも利用できると思ったからだ。そのために銀行から借り入れもするのだが、借金を苦に思うこともなかったし、返済も苦にならずにすんなりと返して行ったが、それはそれだけの稼ぎが順調にあったからのことだっただろう。購入した土地の一角に自宅を建てた。国道6号線に面した場所で、辺りには道から外れたところにはポツリポツリと人家があるが国道の両側には田畑が広がるような場所だった。

六角茶屋

ある日隆雄さんが仕事から帰るとサキさんが、「お父さん、今日こんな男の人が来たよ」と1枚の名刺を見せて言った。名刺には「六角茶屋」の文字と名前が記されていた。サキさんの話では、同じ「六角茶屋」という名前の店は富岡町夜ノ森《よのもり》にも在り、それと同列の店を作りたいと言っていたという。長男と次男は学校で、長女も幼稚園なので、サキさんは昼間一人でテレビを見て過ごしているが、料理の得意なサキさんに店をやらせるのも良いかもしれないと考えた隆雄さんは、名刺の主に連絡を取った。

話を聞けば男は、醤油やだし汁など調味料や麺類の製造販売業で、自分の会社の製品を材料として使ってくれれば良いので、茶屋の売り上げからマージンを取るチェーン店ではないという。それを聞いて「よし、やろう！」と即決した隆雄さんだった。何かを始めるときもまた止めるときにも、隆雄さんは逡巡するということがない。研ぎ澄まされた勘と咄嗟《とっさ》の判断力で決めていく。これは持って生まれた性格もあるかもしれないが、加えて子どもの頃の北海道の山野での生活で育まれた能力であっただろう。六角茶屋をやろうと決めるとすぐに、1200坪の土地の半分をリサイクル業者に売却した。いろいろ資金も必要だろうと考えてのことだった。

そして早速、自宅に隣接して六角形の建物を作った。建てるに際して、夜ノ森の六角茶屋を見てきた。砂利や土建屋を経験してきて、また北海道にいたときに3回も家を作り、ここに来ても今住んでいる自宅を作ったから、もちろん実際の建築は大工に任せてではあったが、隆雄さんはいつでも家が作られて行く工程を仔細に見てきたし、自分でできることは自身でやってきた。夜ノ森の六角茶屋と同じような外形で、内部は中心の調理場をカウンターがぐるりと囲む設《しつら》えにした。調理場には大きなガス台を2つ並べ、水場は2ヶ所でその片方は食器等を洗うためのシンク、もう片方は大鍋をすっぽり入れて洗えるように深くて大きなシンクを備えた。

建物が出来上がり調理器具も揃うと、出汁の取り方や麺のゆで方などを教えに先の男が来てくれた。男は1週間ほど教えに通ってくれた。実にあっけなく簡単な教え方だったが、それも道理だ。だし汁も男の会社で製造した調合調味料から作るのだったし、麺のゆで方も砂時計で「この砂が落ちるまで」などと教えられ、基本の茹で時間さえ押さえておけば、あとは慣れだ。

こうして原町大甕に六角茶屋は開店した。国道に面していて、近くには他に1軒しか食堂がない。建物も六角形で珍しいから客はどんどん入った。最初の数日が過ぎただけで隆雄さんは、サキさんに店の切り盛りを任せるのは無理だと判断した。アルバイトを雇ってはいたが、アルバイトに頼めるのは食器洗いと配膳くらいのものだ。たとえ調理も任せたとしても、仕入れの注文や手配など必要なことは多岐にわたる。サキさんは料理は上手だが、それ以外のことには不向きだった。隆雄さんは自分が店に入ることに決め、土木業からは手を引くことにした。

土木屋から身を引くのは、難しくはなかった。実質的には隆雄さんが受注して仕事が回っていた会社だが、隆雄さんは専務で、友人が社長だったから会社自体を廃業しなくてもよい。隆雄さんが辞めればいいだけのことだった。当時、隆雄さんは富岡の現場をやっていたのだが、それを残った者に任せた。だが隆雄さんが辞めてからは庄司建設からの仕事が回ってこなくなり、結局は会社が成り立たなくなって廃業に至った。

土木会社は畳まざるを得なくなって、社長をしていた友人は、また以前のように重機を持ってあちこちの現場を渡るようになった。責任を感じた隆雄さんは、土地を売却して得た金のあらかたを彼に貸した。貸した金はまだ戻ってこないが、隆雄さんは彼の行方を探すこともせずに、仕方ないことだなぁと思っている。

六角茶屋は国道に面していたが駐車スペースを建物の前に広くとっていたから、道路から目につく場所に「蕎麦・うどん」と明記したのぼり旗を立てた。客はどんどん入って商売繁盛していた。六角形の建物に併設して小上がりのある部屋も作り、供するのも蕎麦、うどんだけでなく丼ものはもちろんのこと、注文を受けて刺身や天ぷら、馬刺し、煮物など他の料理も出したから、地元の人たちの宴会などに使われることもあった。そんな時には、揚げ物煮物はサキさんが担当、刺身は隆雄さんが包丁を握った。昔取った杵柄《きねづか》で、お造りなどお手のものだった。宴会の注文が入るのはそう頻繁ではないから、普段は通りがかりの客から蕎麦やうどん、丼ものの注文を受けるのがもっぱらだった。

蕎麦やうどんを茹でるのは隆雄さん、洗い場はサキさん、配膳はアルバイトという具合に役割分担は自然にできていた。ある日蕎麦を注文して食べ終えた客に、「僕は蕎麦が好きで全国の蕎麦を食べ歩いている。こんなにまずい蕎麦を食べたのは初めてだ」と言われたのはこの時のことだ。開店前にだしの取り方や麺の茹で方の講習は受け、麺の茹で時間は3分と教えられていても客が立て込んで来れば3分の茹で時間を守れなくなってしまうこともあった。茹で過ぎて腰のない蕎麦はさぞまずかっただろう。それでも「あの店はまずい」などの評判も立たず、客足は絶えなかった。

目の前の国道6号線は、北を目指すバイクツーリングの若者たちの通り道だったが、そろそろ今日は店じまいと思っていた時刻に「何か食わしてください」と飛び込んできた若者がいた。注文のかつ丼を食べ終えた彼からお金を受け取った時に隆雄さんが、「夜道は危ないから気をつけて行きなさい」と言うと、彼は「はい、夜走るのは怖いから駐車場を貸して下さい」というので、テントでも張るのかと思って、「ああ、いいよ」と答えたが、少し経って駐車場を見るとテントはなく地べたにゴロンと、寝袋に包まっている若者の姿があった。「なんだ、テントじゃないのかい？　夏でも夜は夜露が降りるから、そんなとこで寝てたら風邪ひくよ。食堂の奥が小上がりになってるから、そこで休みなさい」と隆雄さんは言って、若者を中に入らせた。

ライダーたちには彼らの情報網があるらしい。それから後も、何人かのバイクツーリングの若者に宿を提供した。そんな隆雄さんに忠告してくれる人がいた。毎月やってくるお客さんで、富山の薬売りの人だった。その人が言うには、無料で泊まらせてやるのは親切心かもしれないが、世の中は善人ばかりではないから危険だ。また、親切心で泊めてやった客がずっと住み着いてしまったらどうするのか、安く泊まれる宿泊施設を作った方が良いと言われた。言われてみればその通りだと思った隆雄さんは、食堂の隣に各部屋ユニットバスとトイレ付きの3畳間ほどの小さな部屋が並ぶ2階建ての宿泊施設を作った。

「ビジネスホテル六角」開業

こうして開業した「ビジネスホテル六角」の看板は国道からもよく見える大きな看板で、そこには「美人の湯」の文字もあった。これは嘘偽りではない。ここに自宅を建てる時に、敷地の隅に湧き水が出ている所があった。そこからチョロチョロ流れた水は田んぼに流れて、その田んぼは冬でも凍らなかった。ホテルを営業するのに風呂などに水道水を使っては経費がかさむから井戸を掘ろうと思っていたが、その湧き水の所を掘れば良いのではないかと考え、ボーリング業者に深く掘ってくれるようにと依頼した。業者は200mまで掘ったが、それ以上は岩盤が固くて掘れないという。そこで掘り止めたが始めの頃は泥水が出てくるばかりで、半年間24時間流しっぱなしで流しているうちに綺麗に澄んだ水が出てくるようになった。

透明の澄んだ水が出てくるようになって、業者に水質検査を頼んだところ、返ってきた結果はアルカリイオン水で、とても良い水だとのことだった。飲料水にもなると言われた。冷泉なので風呂には湯沸かし器を通して温める必要があるが、なるほど「美人の湯」の看板に恥じず入浴後は肌がツルツルしっとりとする湯になった。

ホテル業を始めると、食堂をやっている余裕はなくなって「六角茶屋」の看板はおろし、食堂は閉じた。こうして隆雄さんはビジネスホテルのオーナーになった。宿泊料金は1泊3000円とした。それ以降は基本的に値上げせず、今も1泊3000円（税込み3300円）で通している。

ちょうどそのころは東北電力が原町火力発電所を建設にかかっていた時期だったから、作業員の宿泊客で連日満室状態が続き、宿泊施設をまた増設した。それでもまだ足りなかった。宿の予約の電話を、連日断らなければならないほど部屋が空くことはなかった。あまりにも忙しかったこの時期には、宿泊料を4000円にした時期もあったが、すぐ元の料金に戻した。そしてまた今度は、コンテナ部屋を2部屋作った。コンテナ利用だから窓はなくて個室ではなく小さい方のコンテナは中部屋として3人部屋、大きいコンテナは大部屋として4人部屋とした。トイレと風呂は別に作った。

降ってわいた産廃処理場建設問題

ホテル経営は順調に運んでいた。ある日近所で農産物の直売所「いととんぼ」をやっている田中京子さんが来て、「大留さん、これ見て。大変だよ」と新聞記事を示した。産廃処理場建設計画の記事だった。京子さんの夫は勤め人だが京子さん自身は有機農法で野菜を作っていて、近所の農家の母ちゃんたちにも呼びかけて農薬を使わずに育てた野菜やその加工品の直売所をやっていたのだった。処理場建設予定地は、農業用水の溜池のある場所だった。有機農家として直感的に危険を感じてのことだった。

土木の仕事で近隣の各地へ行くことがあった隆雄さんは、山林が枯れて荒れたような場所を目にすることもあり、そんな所の空気は嫌な臭いがすることもあった。風上に焼却場があるような場所だった。隆雄さんも京子さんも反対運動を起こそうと、すぐに動き出した。話はすぐに広まり、酪農家の桜井勝延さんが、また隣の浪江町で牧場をやっている吉沢正巳さんも仲間に加わった。「産廃から命と環境を守る会」を立ち上げ、署名集めにかかり裁判も起こした。隆雄さんは土木屋として基盤整備をやっていた頃に知り合った地域のたくさんの農家にこのことを話すと、みんな快く署名に応じ裁判闘争にも協力してくれた。

裁判の日の朝にはビジネスホテル六角の駐車場に止まっている3台のバスに、協力者たちが乗り込んで、みんなで一緒に仙台高裁に向かうのだった。バスの中では弁護士がこの裁判について説明をしてくれるが、話し始めて10分もしないうちに座席の人たちの頭はコクリコクリし始める。難しくてよく理解できない話は、子守唄だった。

弁護士に代わって隆雄さんがマイクを握り話し出すと、居眠りしていたみんなが起きて隆雄さんの話に聴き入るのだった。腹を抱えて笑いながら、時にはヤジを飛ばしながら、バスの中はまるで子ども達の遠足旅行のような和やかさに包まれるのだった。

隆雄さんが話すのは、自分の旅行の体験談だ。フィリピンのゴミ山で見たことなど、裁判とは直接関係はないけれど、どこかで通底することがあるような話だったから、ただ可笑しがって聞いているだけではなく何か心に残る話だった。

隆雄さんが旅行に行きだしたのは土木屋になってからのことだ。土木屋時代には、稼ぎは飲んで遊ぶことに散財したものだったが、そのうちに飲み歩くよりも旅行の方がずっと金はかからないし思い出も残り楽しいと思うようになり、それまでは一晩に1升瓶1本など軽く空けていたのだったが、食堂を始めた頃にはピタリと飲まなくなっていた。40歳頃のことだ。旅行も最初は年に1回くらい、旅行会社が募集したツアーで行っていたが慣れてきたらそれでは飽き足らず、ツアーではなく個人旅行になっていった。4時間以上飛行機に乗るのは体に堪《こた》えるので、行く先はもっぱらアジアの国々だった。それに碧眼《へきがん》の欧米人よりも、黒い髪、黒い目の人たちの方が言葉は伝わらなくても、なんとなく馴染みやすかったからだ。とはいえ、言葉も通じないし習慣も違うが、どんなものを食べ、どんな暮らしをしているのか興味があった。なんでも見てやろうの精神だった。

酒もピタリと止めたが、タバコもまたすっぱりと止めた。これは食堂をやっていた時期のことだ。パートで手伝ってもらっていた女性が、時々自分の子どもを連れてくることがあった。まだ小学校に上がる前の女の子だったが、ある日その少女に言われたのだ。「おじちゃん、タバコ吸ってるとガンになるよ。おじちゃん死んじゃったら嫌だよ」

それを聞いて隆雄さんは、即座にポケットのタバコの箱を捨てた。日に2箱を空にしていたのだが、以来1本も口にしていない。

ホテルを経営しながら産廃反対運動に忙しい日々が過ぎていた。その合間にも、家族にも告げずにヒョコッと、旅に出かける隆雄さんだった。

2011年、あの日から

11日、まだ余震は続いていたものの本震の大きな揺れが収まった時、宿泊客の一人が泥だらけになって帰ってきた。彼は「凄い津波だった。近くで何人か助けてきた」と言った。介護施設のヨッシーランドの利用者を何人か泥の中から救い出したそうだ。

六角はちょうど山の陰だったから津波は受けなかったが、その晩は避難所に避難した。12日の原発事故後、サキさん、次男と共に仙台に避難したが、20日に戻った。地域には避難できずに残っていた人たちがいたが、高齢者やハンディキャップのある人たちだった。

店舗はどこも閉じていた。困っている人を助けたいと、ホテル業だったので備蓄してあった食料や紙などを届けたが、出来ることはわずかしかなかった。備蓄もすぐに底をつくからだった。

その間に海辺の地域を見て回ったが、友人、知人の家の多くは津波で流されたことを知った。携帯が繋がるようになってから知り合いに片っ端から連絡を取ったが、連絡の取れない人も多かった。そして100人近い友人を、津波で喪《うしな》ったことを知った。

27日に東京から支援物資をトラックで運んできてくれたのは、杉並区の「みちのく支援隊」だった。「産廃から生命と環境を守る会」で活動してきた仲間に連絡して彼らを地元のボランティアグループとして、六角に運び込まれた支援物資の配給を始めた。6月になると鹿島区に仮設住宅が建ち始め、支援物資は仮設住宅入居者達に配るようになった。支援物資を持って仮設住宅を訪ねた時に友人や知人の姿を見て、互いに無事を喜びあった。

8月のある日、六角を訪ねてきた女性がいた。ホテルの予約客だという。白髪で小柄な力もなさそうな頼りない感じだった。南相馬にきたのは初めてだと言うので、こんな時期に何しに来たのかと思って聞くと、ボランティアに来たと言う。口には出さなかったが、こんなばあさんに何かできるのかなぁと思ったが、その日の午後も仮設住宅に支援物資を配る予定があったので、「一緒に行くかい」と声をかけたのだった。

三、みんな過ぎたこと

免許証返上

2017年のある日、「もう廃品回収もやめようと思う」と言って、大留さんは愛車の軽トラを手放し免許証を返上した。それからは外に出かけることもなくなり、日がな家で過ごすようになった。庭木の剪定《せんてい》をすることもあったが、広い庭ではないし毎日するようなことではなかったから、その一度きりだった。その頃から体調が優れず、足腰が痛んで夜も眠れない日が続くようになった。横になっても寝返りを打つにも体が痛み、腰掛けている方がまだ痛みを感じないで済むのだが、夜眠れないから昼間は眠くて何もする気が起きず、体を動かさないからご飯を食べたくもない。食欲はないのだが、そこに菓子があれば、癖になっていてつい摘んでしまう。悪循環だった。

若い頃に腎臓、肝臓を病んだことがあり舌癌《ぜつがん》の手術もした。その頃から懇意にしているホームドクターで内科医の小野田先生に薬をもらっていたが、精神安定剤も処方されていたようだ。この頃の大留さんは見るだに元気がなく、痛みが辛そうで声も弱々しかったし、浮腫《むく》んでもいた。私は「燃え尽き症候群」ではなかったかと思っている。ボランティア活動を止め、することがなくなっていただけでなく、車を足にしていた人にとっては、免許証返上は手足をもがれたような気持ちになるのではないだろうか。

六角支援隊の活動を閉じた時、私は大留さんに聞いたことがある。旅三昧の余生にしますか？と。笑って答えなかったが、やはり一、二度はフラリと旅に出て行った。だが行った先のフィリピンで体調を崩して病院に行ったり、別の時には体調こそ崩さなかったが以前のように好奇心満々で旅を楽しむということができず、何か惰性のように過ごしただけで、それでもう旅行も終わりにした大留さんだった。好奇心というのは心身ともに元気でなければ湧いてこないのだろう。

以前に出かけた旅先で大留さんが撮ってきた写真を見せてもらったことがある。アンコールワットやガジュマルの繁る水辺、農夫と水牛がいる田んぼの遠景、荷物を山のように積み上げたモーターバイクなどなど、物語が想い浮かんでくるような写真なのだ。それらの中のわずか数枚だが、六つ切サイズのカラー写真コピーが、食堂の壁に飾ってある。私は大留さんに「遠出をしなくても、身近なものや風景の写真を撮ったり、これまでの写真のアルバム整理をしてはどうですか」などと、余計なお節介ごとを言ったこともあるが、端《はな》から相手にされなかった。過ぎたことは、もうどうでも良いのかもしれない。

諸々の活動を閉じ、ホテル経営も息子に譲った。興味の向くまま旅行も重ね、やりたいようにやってきた。産廃問題や原発事故にも遭ったが、みんな、過ぎたことだ。

窓が壊れて開かない大留さんのあの軽トラックの助手席に乗って、一緒に行動することはもうできなくなっていたけれど、大留さんは私に福島との縁を繋いでくれた要の人だった。免許証を返上してからの大留さんは、自分が訪ねていけないものだから私に、かつて仮設住宅にいた人たちの動向を聞いてきたりするのだった。私自身もその人たちが気になっていたから時折訪ねては、その様子を大留さんに伝えてはきた。が、それも昨年春以降の新型コロナウイルス騒動で、私がみんなを訪ねて歩くことができなくなっている。

陽光に佇む共白髪《ともしらが》の二人

つい先日訪ねた日の大留さんは、やはり外に出かけることもなく日がな家にいて過ごしているが、足腰の痛みはなくなっているという。体を動かさないから食欲もあまりないし夜もあまり眠れないが、以前のようにそれが苦にはならず「動かなければ腹も減らないし、眠れないったって昼間トロトロしてるんだから、当たり前だよね」と爽やかに笑った。以前よりもお腹周りがスマートになって、浮腫《むくみ》も取れていた。歩いても膝が痛まないという。痩せたから、膝にかかる負担が少なくなったためかもしれない。そんな大留さんは、牙を抜かれたライオンのように穏やかな好々爺然《こうこうやぜん》としていた。

その日私は、大留さんの来し方をこれまで聞いてきたようにブツ切れにではなく子ども時代からの流れで聞きたいと思って訪ねたのだったが、「もう忘れちゃったよ」などと言いながらも、大留隆雄一代記を話してくれた。

「すぐ下の妹と弟のことは、よく思い出すよ。弟は早くに死んじゃったからね。僕が旭川に出るようになったきっかけは、はじめに弟に誘いがあったのを弟が断って、それで代わりに僕が行ったんだからね。弟に家を継がせようと思ったけど、弟も結局1年で家を出て旭川に来ちゃった。僕と同じように土木の仕事をしてたけど、オートバイ事故で、34歳で死んでしまった。子どもを3人残してね。

妹はもっと後だけど、癌で死んだ。もう結婚して、子どもたちも成人していたけどね、癌で死んだ。その二人とはいつも一緒に遊んでいたし、学校に行く時も一緒だったから、一番よく覚えている。その下の妹やバッチ（末子）の弟は歳も離れていたし一緒にいた時間も少ないから、僕のことはあんまり覚えていないだろうし、僕も記憶がないね。大宮の姉は去年までは元気だったから時々会いに行ってたけど、2月に脳梗塞で倒れて、コロナで見舞いにも行けないよ。寝たきりになっちゃって息子や嫁さんのこともわからなくなっちゃったみたいだって。母親や父親のことはあんまり思い出さないね。僕には、おばあさんが一番親しい思い出があって懐かしいよ」と言って、そして最後にこう言った。

「まぁね、やりたいようにやらせてくれてたから、僕がすることに文句も言わずついてきてくれてたから、女房には感謝してます。ありがたいなぁと思ってる」

これは六角支援隊で活躍していた時には、決して聞けない言葉だった。夕食時に大留さんと私が話し込んでいるところにサキさんが顔を出して私に話しかけ、私もサキさんと話したいと思って答えると、大留さんは「うるさい！　お前は引っ込んでろ」などと言ったり、サキさんへの文句を愚痴のように言う大留さんだった。サキさんもまた、大留さんが旅行に行って留守の時など「大留は私には何にも言わないで勝手なことばっかりしている」と言い、私にはサキさんの言い分には全く頷けるのだった。「夫婦喧嘩は犬でも食わない」というけれど、あの頃のご夫婦の互いの愚痴は、こんなものだったのかもしれない。

この日、お暇《いとま》しようとした時にサキさんも顔を見せて、元気そうなその様子を見て私は嬉しかった。そして二人揃って外に出て、帰る私を見送ってくれた。

睦まじく並ぶ白髪の老夫婦の姿は陽光に照らされて、見送られながら私は「いいご夫婦だなあ」と眩しく二人を見つめ、手を振った。軽く会釈して見送ってくれる二人の姿が、涙で霞んだ。

Ⅱ

始まりは沢庵和尚

田中徳雲さん

一、野球少年がお坊さんになるまで

同慶寺

南相馬市小高区には、1213（建保元）年に建立された古刹《こさつ》が在る。奥州相馬氏13代相馬盛胤《もりたね》は、この古刹に三春城下の曹洞宗天沢寺の遠山祖久和尚を招き先祖や家臣の供養をしたが、この時に小高山大林寺と呼ばれていた天台宗のこの寺の名を同慶寺《どうけいじ》と改め、天台宗から曹洞宗に改宗した。江戸時代以降は相馬氏の菩提寺となり、16代義胤《よしたね》から27代益胤《ますたね》までの相馬氏歴代当主と正室など一族を弔《とむら》った五輪塔の墓が整然と並ぶ。本堂の左手の霊堂には相馬氏一族の位牌のほか、婚礼の際の調度品などの工芸品が収められている。

境内には市の天然記念物に指定された樹齢800～1000年とされる大銀杏や、松、もみじの古木が植わり、鐘つき堂の前には葉陰が大きく広がる金木犀もあって、花の季節は芳しい香りを辺りに放つ。

そしてまたここは、事故を起こした東京電力福島第一原子力発電所から北へ17キロに位置する。

田中徳雲《とくうん》さんは、この寺のご住職だ。

25キロを走って通って

田中徳雲さんは昭和49（1974）年6月30日、いわき市の小名浜で生まれた。両親と妹の4人家族で、父は漁船の乗組員だった。つまり家族に僧籍のある人はいない、ごく一般の勤め人の家庭だった。

僧名を得る以前の徳雲さんの名は鈴木健寛《たけひろ》といい、小学生の時にソフトボールチームに入り、中学でのクラブ活動は野球部、高校でも野球部と、野球一筋の少年だった。だがいつも補欠で、強くなりたい一心で中学時代は片道4キロの道を走って通った。それでも補欠だったが、チーム自体は初めて全国大会へ出場するなど好成績を挙げた。野球部の監督からは、「この3年間で心身ともに自分がどれだけ強くなったかよく判っているだろうから、高校に行ってからも野球を続けろよ」と、背中を押してもらった。

高校でも野球部に入ったが、上手な人たちが集まっていたので自分は間違った選択をしたかと思ったが、途中で止めるという選択肢は持てず、中学であれだけ頑張ったのだから高校ではもっと頑張るのみだと思った。家から高校までの片道12キロ強、往復25キロを毎日走って通学した。やれないことはないと思っていたし、実際、高校生の健寛さんには、それができた。

その生活がずっと続いていたが、高校2年生のある日、夜中に激痛と吐気が生じ、熱も出て、父が病院に電話をすると一刻を争うから救急車を呼ばずに自家用車ですぐに連れてくるようにと言われて病院に行き、着くと即手術だった。

蓄積疲労で脚の筋が伸びきっているが、寝ている間に筋が戻ろうとして、その時に血管や大事な筋を巻き込んで捻《ねじ》れる。そのために痛みや吐き気、むくみがいっぺんに現れる。睾丸に近いから生殖器もダメになるかもしれず、大変なことになると言われた。全治3ヶ月の入院だったが、何日か経って、学校の先生たちが見舞いに来てくれた。「職員室には健寛のファンが多いから、お前が居ないのを残念に思っている。今の時代にお前みたいなのは珍しいからな」と言われた。また「ここで腐るな！　ここで腐ったらもったいないから、今は心を鍛える時だと思って、しっかり心を鍛えてみろ」と国語の先生に言われた。どうやって心を鍛えたら良いのかと問うと、「野球はピッチャーとバッターの勝負だろう？　その真剣勝負の心を宮本武蔵に学べ。吉川英治が『宮本武蔵』という名作を書いているが、きっと学ぶことがあると思うから読んでみろ」と勧められた。

さっそく車椅子で売店に行き、全8巻の『宮本武蔵』の1巻目を買って読んだ。引き込まれて夢中で読み、寝るのも忘れて一晩で読み切った。心に残る箇所は赤で傍線を引いて読んだ。本の中の登場人物に沢庵和尚がいるが、枠に囚われず権力にも屈せずスケールの大きいお坊さんの生き方に心惹かれた。

当時は高校2年生だったが、世の中にも大人にも魅力を感じていなかった。大人になるということは、時には自分に嘘をつくことなのか？　とも思っていた。その頃に好きだった社会科の先生は、「教科書に書かれたとおりに覚えると、碌《ろく》でもない大人になるぞ。教科書に書いてあることの裏を見ることができる大人になれ。ヨーロッパからの移住者がアメリカ大陸を侵略していった時に侵略された側の先住民の思いが解る大人になれ」と言うような先生だった。その先生は、職員室では変わり者だと思われて浮いた存在でいたが、学校の先生がそんな状態なら一般の社会はもっとそうだろうと、健寛少年は思っていた。

そんな時期に怪我をしたことによって、「お坊さん」という生き方が目の前に開けて、それならありのままの自分でやっていけるかもしれないと思った。

野球部の仲間や級友たちに「お坊さんになりたい」と言うと、みんなに「それ、お前に合っているよ」と言われた。友人たちは、健寛少年の本質を見抜いていたのかも知れない。

中学時代の友人も、「健寛らしいよ」といった。小学校の6年生の時だったが、学校は海に近いところに在り、ある日漁師さんが網にかかったカブトガニを持ってきたことがあった。カブトガニは「生きている化石」ともいわれ、天然記念物に指定されている地域もある珍しいもので、漁師さんは子どもたちに見せようと、持って来てくれたのだった。生きたカブトガニが入った発泡スチロールの箱が、健寛さんの教室にも回って来た。みんなは興味津々で見ていたが、中のカブトガニは見るからに弱っていた。健寛さんが「弱っているよ。早く海に返してあげたら」と言うのを聞いた先生は、「お前は校庭を走っていろ！」と怒って、校庭を走らされたことがあった。友人たちは後で、「お前、余計なこと言うからだよ」と慰めてくれた。

高校時代にも、同じようなことがあった。移動動物園のライオンが逃げ出して、地域中が大騒ぎになり麻酔銃を持った人が集まって来た。健寛さんはそれを見て「ライオンがびっくりしちゃっているよ。なんで逆の立場に立って考えられないのかな」と言うと、部室の仲間たちは「そうだよな。健寛の言う通りだな。逆の立場で考えられないのは何故なんだろうな。健寛はちょっと変わってるけど、そのまんまの健寛でいいんだ」と言った。小学校から一緒だった中学時代の友人も、高校時代の友人も、そんな健寛さんを見ていたからだろう。

だが両親には大反対された。「普通の家庭に生まれたのに、何が悲しくてお坊さんになるのか」と言われ、母は泣いて反対した。親戚にも反対された。祖母だけが「本人のやりたいことをするのが何よりだ。とことんまでやって自分には務まらないと思ったら辞めたらいい。やりもしないうちから諦めることはないよ。挑戦しないうちから諦めるな」と言い、母にも「やりたいことをさせたほうが良いよ」と諭して説き伏せてくれた。

得度したのは高校3年生の時

そして平成4（1992）年11月11日、いわき市の薬師如来を本尊として祀《まつ》る醫王寺《いおうじ》で、村上徳榮老師のもとで得度した。健寛さんが高校3年生の時だ。

高校卒業後は、京都の花園大学に進学した。禅を研究する臨済宗立の仏教系大学だ。大学時代は長い休みの時には剃髪をしてくれたお師匠さんの醫王寺に住み込んだ。お師匠さんは厳しい方で、一つ一つを丁寧に教えてくれはしなかった。しかしそれが、厳しさは優しさなのだと気づくきっかけになった。

大学3年の夏休みだったが、自分が弟子を取ったらどうしたら良いのかと考えたときがあった。「自分もお師匠さんのように丁寧には教えないかも知れない。教えられたことはすぐに忘れるが、教えられないから一生懸命に目で盗んで、それは忘れない」と考えた。夏休みが終わって京都へ帰る時にお師匠さんに挨拶に行くと、「お前は今年の夏は成長したな。その調子で頑張るように」と初めて褒めてもらえ、とても嬉しかった。「あ、これだな。学校と違って大人の社会は誰も教えてくれない。自分で学ばないといけないのだ」と思った。

大学卒業後は福井県の永平寺で5年間修行したが、「自分で研究しろ、職人の社会の様に目で見て盗め」という事を心がけて過ごした。

修行は、朝早く起きて顔を洗い身支度をすると、坐禅を組み経を唱えてからみんなで食事をし、午前、午後とそれぞれ90分の作務《さむ》（奉仕活動）、掃除などを淡々とやっていく。当たり前の日常を丁寧にしていくという毎日だった。

お寺にはいろいろな係があり、一般の会社の仕事の様なものだが、例えば電話係や受付、賄《まかな》いなど様々あった。徳雲さんが最初に受け持つことになった係は接茶係で、これはお客様が来たらお茶を出したり、食事を運んだり、また宿泊される場合には布団の上げ下ろしなど、まるでホテルの従業員の様な役割をする係で「地獄の接茶」といわれるほど休む間もない役割だ。お坊さんらしいことはできず慢性の寝不足状態だったが、1年ほど接茶係を務めた。どの係も時々は非番の日があった。習字とか漢詩など講師の先生を招いての講習会もあったが、非番の時でなければ講習会には出られなかった。

時には逃げ出す人もいて、お坊さんの持ち物と言ったら本当にわずかで、小さな竹行李一つでその中に「涅槃金《ねはんきん》」として1000円ほど入っているものを持って出る。朝起きたら居なくなっていたということがあるが、雲水の格好をして福井駅にいるとすぐばれる。そんな姿を見かけた人がお寺に電話をすると、上の人が引き戻しに来て、本当に続けられないのかどうか確認をする。親にも連絡をして親も納得をすれば親元へ帰す。雪の中を逃げた人もいるそうだ。

二、それなら自分も虹の戦士に

繋がる縁そして同慶寺へ

地方からのお客さんがあった時にはその地方出身のお坊さんが応対するが、それは方言などがあった場合に通じるようにということからだった。平成11年12月に同慶寺のご住職と檀家さんが、本山にお参りにきた。徳雲さんは2年目の修行僧として接茶係の時で、ご住職に「福島の人のようだが、どこか?」と聞かれ、いわきの醫王寺と答えると、ご住職は醫王寺とは繋がりがあるのだと言った。ちょうどその頃は修行僧の指導役として、お師匠さんの村上徳榮老師が永平寺に在職している時期だった。師匠と弟子が同時期に本山にいるのは稀有なことなのだが、南相馬小高からの一行が永平寺に来たのは、ちょうどその時期のことだった。

ある時お師匠さんに呼ばれて部屋に行くと、相馬の同慶寺を知っているかと尋ねられた。知っていると答え、先頃参詣に来られた時に自分が案内したことを話すと、「同慶寺のご住職、田中探玄《たんげん》老師が、お前を弟子にしたいと言っているが、お前は将来をどう考えているか」と師匠に問われた。徳雲さんは具体的な考えは持っていなかったが、長男なので近くの寺にいることができたらいいなというくらいには思っていた。師匠は、近いうちに一緒に同慶寺を訪ねてみようと言った。

それから半年ほど経ち、徳雲さんが2年目の雲水の頃のことだ。師匠が「一緒に同慶寺に行って挨拶をしてこよう」と言い、そして2人で同慶寺を訪ね挨拶をした。探玄老師と師匠は、親しげに言葉を交わしていたが、徳雲さんはお寺の規模が立派なことと、相馬の殿様の菩提寺だと知って驚いた。

醫王寺に戻ってからお師匠さんに、同慶寺の弟子になる件をどう考えているかと聞かれて徳雲さんは、沢庵和尚に惹かれて僧侶になった自分には、同慶寺のように大きな寺は向いていないと思うと答えた。お師匠さんは徳雲さんの言葉に頷いて「そうだな」と言った。だが半年ほど経ったころまたお師匠さんに呼ばれて、「同慶寺の話だが、やってみてから判断したらどうだ。行ってやってみての判断で良いのではないか」と言われた。そう言われると、それもそうだと徳雲さんは思い返したのだった。

そして平成13（2001）年、徳雲さんは子どものいない同慶寺のご住職夫妻に迎えられ、同慶寺の僧になった。ご住職夫妻もだが、檀家さんたちが大歓迎してくれた。檀家さんたちもきっと、後継のいない同慶寺の将来を案じていたのだと思う。

こうして同慶寺に弟子入りした鈴木徳雲さんは、田中探玄老師に学びながら、日々のお勤めに邁進する毎日だった。檀家さんたちの暮らしぶりに触れ、そこから学ぶことも多々あった。徳雲さんのそのような精進の日々を認めた探玄老師は徳雲さんを副住職に据えたいと願い、徳雲さんはそれに応えた。副住職という責任ある立場になった徳雲さんは、改めて、自分はどういうお坊さんになりたいか考えた。現代っ子の自分は、生きるための術を持っていないが、昔の人はなんでも自分でできるサバイバルの術、生きる術を知り、持っていたと思う。そういう強い生き方をしたいと思った。


永平寺にいた頃に読んだ本に、アメリカの先住民のことを書いた本があり、その生き方に強く惹かれるものを感じていた。

2004年6月21日、富士山麓の朝霧高原で「せかいへいわといのりの日（World Peace & Prayer Day 2004 JAPAN）」が開かれることを知って、ぜひ行きたいと思った。そして導かれるようにしてその集会に参加した。大きなリュックを背負って歩いていった。それは1993年の国際先住民年をきっかけに世界各地の先住民が集まり、母なる地球の上で謙虚に生きる哲学と精神を学び伝えていこうという集いだった。そこでネイティブ・アメリカン、ラコタ族のチーフ、アーボル・ルッキングホースのメッセージ『ホワイト・バッファローの教え』を入手した。そこには「インディアンの言い伝えでは、地球が病んで人類が生き方を変えないといけない転換期には、白いバッファローが生まれる。アメリカでは、何年か続けて白いバッファローが生まれている」と書かれていた。

翻訳者は北山耕平さんだった。北山さんが訳した本をもっと読みたいと思った徳雲さんはネットで探して、『虹の戦士』『ネイティブ・マインド』の二冊を買って読んだ。食い入るようにして読んだ『虹の戦士』には、インディアンかどうかは血の問題ではない。生き方の問題だと書かれていた。環境についての自分の考え方は、インディアンの考え方に通じていると感じ、それなら自分も虹の戦士だと、徳雲さんは思った。『ネイティブ・マインド』には、北山さんが会ったチェロキー族メディスンマンのローリング・サンダーの言葉、「白人・嘘つき、インディアン嘘つかない」とあった。

一般家庭に生まれながら沢庵和尚の生き方に憧れてお坊さんになった徳雲さんだが、寺も現代では形式的になっている面もあり、僧もいろいろで、インディアンの生き方に触れたとき

「ああ、こういう生き方もある」と思った。石器時代から変わらない先住民の生き方には、石器時代の生き方がそのまま残っていると感じ、それが救いになった部分もあって、お坊さんとインディアンの両方の生き方で生きていこうと思った。現代のお坊さんの中には、檀家にはいろいろな人がいるからと言って社会問題に向き合おうとしなかったり、政教分離だからと政治に関心をもたない人もいて、徳雲さんのような考え方は少数で、渇きが癒されない思いを抱いていたが、インディアンの生き方を知って、とても救われた。毎年夏至の日に朝霧高原で開かれるWPPDには、それから4年間通った。

同慶寺で檀家さんたちの暮らしを見ると、農家の人たちは鉈《なた》ひとつでなんでも作ってしまうし、小刀が一本あればもっと繊細なものも作ってしまう。必要なものは身の回りにあるもので工夫して生活を成り立たせる、そうした暮らしぶりを目の当たりにして、自分は弱すぎると思えた。同慶寺に迎えられたことを機にして、畑をやってみようと思った。自給自足へ近づくための第一歩にしようと思い、荒地を借りた。そして開墾に必要な、鍬よりも刃が厚く丈夫で、石などにぶつかっても刃が欠けない道具の万能《まんのう》を1本買った。

借りた畑地は30年ほども手入れされずに放置されていた桑畑だった。かつては養蚕の盛んだった小高だが、廃《すた》れて久しかった。背丈ほどの高さで、太ももくらいに幹も育った桑の木が、何本も生えていた。アメリカ先住民の生き方に心惹かれて本を読んできていたが、先住民は木を切る時には捧げ物をして祈りながら切ると書いてあったので、桑の木を切るときには塩と水と玄米を捧げ、「ここで学んだことは必ず皆さんにお返ししたいと思っているので、今から起きることを、どうか受け入れて欲しい」と綴った自分の気持ちを書いた紙を供え、一本一本に「ごめんなさい」と挨拶しながら切り倒していった。

チェーンブロックで根を掘り起こしていったが、想像を絶するほどの大変な作業だった。そうやって開墾していったが、夏は翌日には草が生え出てしまうので、開墾は冬にする作業なのだと感じた。そうやって少しずつ畑を増やしてやっていくうちに、ジャガイモはどれくらいの種芋からどれくらいの収穫があるか、豆はどれくらい作ったら枝豆として食べ、近所にもお裾分けをし、更に味噌を作れるくらいの収穫量になるかなどを知っていった。そのように手探りでやっていきながら、大体自給自足でやっていくには、米作には1反、畑作には3畝《せ》の畑があれば一家族が十分に食べていけることが判ってきた。

そのようにして畑で陸稲や野菜を作ってきたが、命をいただくとはどういうことか、自分の手を汚さず肉を食べることはフェアではないし、自分で育てたものを食べてこそ、初めて骨の髄まで有り難く頂くことができるのだろうとも思っていた。

花園大学で学びながら醫王寺のお師匠さまの弟子だった頃に心得た「目で盗み覚えろ」を自身に課して、探玄老師の下で副住職としての日々を過ごして3年ほど経った頃、徳雲さんは結婚したい人がいることを老師に伝えた。老師は快く賛意を示しながら、結婚にあたっては田中姓を継いで欲しいと言い、養子縁組をすることとなった。こうして鈴木徳雲改め田中徳雲さんは妻を迎えた。

副住職として寺務にあたり探玄老師と法事を執り行い、できるだけ自給自足でお坊さんとインディアンと両方の生き方をしようと思って妻と共に畑で野菜や米を作り収穫した豆で味噌を作り、そんな日々が流れていた。子どもも授かり、父親にもなった。探玄老師も、孫が生まれたと言って喜んでくれた。

ところがその子が3歳になった平成19（2007）年11月18日、探玄老師は遷化《せんげ》された。突然、事故に遭われてのことだった。住職だった探玄老師が亡くなり、その時から徳雲さんが跡を継いで住職となった。

三、原発について学んでいた

廃炉アクション

永平寺で修行中の平成11（1999）年頃のことだ。永平寺ではガラスを磨くのに古新聞を使う。その古新聞の記事が目に入り、掃除の手が止まってしまったことがあった。記事には、この20年以内に三陸沖でマグニチュード6以上の地震が来る確率は94％以上と試算が出ていると書かれていた。福島県や宮城県では地震がよく起きるが、大きな地震が来るのだなと思った。それが頭から離れなくなり、地震が起きた時に何が一番怖いかを考えるようになった。地震といえば津波だが、昔から地震は何度も起きていたが、昔は存在しなかったのに現代にあるのは原発だと思うようになった。

それから原発のことを勉強しようと思い、資料を取り寄せて読んでいた。原発はどこでもそうだが、周囲から見えにくい場所に造られているから、その存在になかなか気付かない。徳雲さんは同慶寺に迎えていただくことになったとき、小高は原発が近い地域なので、原発のことを学んでおこうと思った。その仕組みや、どういうことが起きたら一番危険なのかを知っておきたいと思った。

原子炉は、核反応を利用して発電している大きな湯沸かし器のようなものと喩《たと》えられる。原発は燃料が核物質だが、燃焼を利用してエネルギーを抽出するという点では、車も同じだ。だがガソリンを燃料にして動かす車が、爆発したら怖いと思う人はいない。車は安全性を考えて造られているからだ。原発も、原子炉自体は十分に工夫されているだろうが、問題は使用済み核燃料だと思った。

2010年、震災前年のことだが福島県は福島第一原発3号機でプルサーマルを受け入れると表明した。それに対する反対行動に加わり、日本山妙法寺の僧たちと一緒に寺から第一原発まで歩き、反対の気持ちを表した。集まった人たちと共に受け入れ反対の申し入れをした時に現場で合流した「廃炉アクション」の人たちは、原発の仕組みなども理論的によく判っていて、感情論からではなく具体的に科学的に反対の発言をしていた。その帰りに、勉強会に誘われた。

その勉強会は、原発問題を専門にやっているアメリカの弁護士を呼んで話を聞く会だった。講師の話が終わって質疑応答の時間になった時に、徳雲さんは手を上げ、「原発で一番怖いのはなんでしょうか」と質問をした。電源喪失で使用済み核燃料の冷却が出来なくなることだと、答えが返った。そして講師は話を続けた。

「アメリカでは老朽化した原発で、しょっちゅうそういう問題が起きている。使用済み燃料を冷却しなければならないから水を循環させているが、もし、それが出来なくなったらどうなるか」と、講師は徳雲さんに問い返した。徳雲さんが、「水が沸騰する」と応えるとまた、「沸騰が続くとどうなるか」と再度問いかけながら講師は「そうなると水がどんどんなくなって空焚き状態になり、再臨界になる」と言った。

原子炉は丈夫に作られているが、燃料棒はただプールの中に入っているだけで、しかも日本では燃料棒の間隔が当初の計画よりもずっと狭まって凝縮された状態で入っている。ホウ酸で壁を作って再臨界を防いでいる状態だから、たちまち空焚き状態になる。予備のディーゼル発電機が準備されているが、予備なのでなかなか使用する機会がないから、たまに出番が来ると大抵故障するということも聞いた。全電源喪失して大体２４時間で制御不能になると、講師は言った。これはとても恐ろしいと思った。福島は地震が多いところなので、地震のたびに、どうか燃料プールが安全で、と祈るばかりだった。

四、恐れが現実に

2011年3月11日、そして避難行

これより前の3月9日から、震度4の地震が2日間続いていた。2日前の地震は止まり、昨日の地震も止まった。今日も止まれよと思ったが止まらず、更に揺れは激しくなりガラスが割れ、壁にヒビが入った時点で、「ああ、遂にきた。天に任せるしかない」と思ったが、いつかこうなる日が来るのではないかと予測していた徳雲さんでもあった。

大津波警報がでて、同慶寺は海抜10メートル、海岸から4キロだが、アマチュア無線情報で7メートル以上の津波という情報がネットで流れた。それを見て、同慶寺も危ないと思った。寺が災害時の避難所になっていたのでたくさんの人が避難してきていた。本堂は余震が酷くて危ないのでみんな駐車場にいたが、津波情報を見て皆で一緒に山の方へ避難した。

1時間ちょっと経ってから、自転車で海の状況を見に行った。天変地異が起きる時はそうい

うものかもしれないと、後になって思ったが、2月下旬から連日のように通夜、葬式が続いていて、その夜もお通夜が入っていた。通夜の会場は国道6号線に面していて、海から2キロのところで、亡くなった人の家も海の近くだったから、その家族や会場の安否を確認しようと思って行ったが、海岸線から内陸3キロくらいが海になっていた。想像を絶する状況で、通夜の会場も浸水していた。海を見に行ったのは津波の第3波の後ぐらいの時だったが、家屋やヘッドライトがついたままの車などが海に持っていかれているのを見て、相当に大変な事だと思い、こういう時だからこそ冷静に判断しようと思った。

寺に戻ったのは午後4時半頃だったがツイッターを確認すると、津波情報を流してくれた同じ人が、福島第一原子力発電所は津波により全電源喪失、予備のディーゼルは浸水し海に流れたことを発信していた。アメリカの弁護士から冷却できなくなった燃料プールは24時間で再臨界に達すると聞いていた。もう24時間のタイマーは作動している。海を見に行ったときに6号線が浸水しているのを見ていたが、原発に行くには6号線を通らなければ行けない。作業員たちに緊急の招集がかかっているだろうが、6号線は海になってしまっているから、作業員たちは原発まで辿り着けないだろうと思った。

寺に避難していた地元の人たちに、原発が大変なことになっている、危険な状況だと話しても、避難した方が良いと判断する人は無く、「原発は絶対大丈夫」の一点張りだった。エンジニアや原発建設に携わった人、原発で働いている人もいて、原発については詳しい人たちがいる地域の中で、徳雲さんが危険を発信しても、受け止める人はいなかった。逆に徳雲さんに「ここにいても大丈夫だ」と言うばかりだった。

徳雲さんはなんとしても３人の子どもたち（当時７歳、５歳、３歳）を守りたかった。その日は客人が来ていたので、その人と家族を乗せて着のみ着のままで毛布３枚と食料少々、米とその晩に食べるものを持って避難を開始した。客人を送り届け、普段なら１時間半で福島市に行くのにその夜は渋滞で３時間かかって福島に着いた。車にはガソリンを入れてあったので、避難することができた。

１１日の晩は車中泊をし、２日目の朝に会津若松の栄町教会に着いた。仲間たちが集まっていることをメールで知っていたので、そこを目指したのだ。「福島老朽原発を考える会（通称：フクロウの会）」の仲間たちもそこに避難してきていた。徳雲さんもフクロウの会の一員だった。フクロウの会では、建設から４０年になる福島原発の廃炉を目指す「廃炉アクション」を準備していた時に起きた事故だった。

会津若松で少し落ち着いて態勢を立て直そうと思っていたが、１号機爆発のニュースを見て、原発から１００キロしか離れていない会津よりももっと遠くへ、日本アルプスの向こうへ逃げようと思った。長野県大町市美麻《みあさ》の友人に電話をするとすぐ来いと言ってくれ、夜通し走って13日の未明に美麻に着いた。2日間一睡もしていないので凄く疲れている筈なのに、眠れなかった。神経が昂って覚醒してしまっていたのだろう。両親や近所でお世話になっていた人たちに電話して長野に着いたことを伝えると、「逃げ足が速いなぁ」と言われた。

自分だけ逃げて申し訳ないと謝ると、「そんなことはない。お前は勉強してきたからそういう行動が取れた。俺たちは〝絶対大丈夫〟を鵜呑みにしてきたから、こうなった。自業自得だ。でも、おまえは生き延びろ。生き延びていつか帰って来られるようになったら、戻ってきてまたこっちで活動してほしい」と、懇意に世話をしてくれていた近くの岩屋《がんおく》寺の和尚さんに言われて、涙が溢れた。

長野県に避難した時点で、子どもがいる3家族が合流して12人になっていた。美麻では消防団が集会所を急遽、避難所として整えてくれ区長さんも親身に対応してくれたが、皆で相談してさらに西へ、山口県の祝島《いわい》まで行こうかと話し合った。祝島の友人に電話すると、「島のおばあちゃんたちも喜んで迎えると言ってるから、早く来い」と言われた。

避難所として整えてくれた集会所を、元のようにきれいに掃除して美麻を発った。3台の車で移動していたが後続車の子どもが発熱し、これ以上の移動は無理だと判断した。そこは金沢だったので、そこから近い永平寺の門前の宿に電話すると、徳雲さんのことを覚えていて、すぐに来いといってくれた。そして14日の夕方に永平寺町に着いた。翌15日、門前の宿坊から早朝に永平寺への拝登を済ませた後、避難所確保のために2ヶ所の寺を訪ねると老僧たちは、「福井にも原発はいっぱいあるが、そうか、原発はそんなに危険なものなのか。判った、避難者を受け入れよう」と言ってくれた。東の原発銀座から西の原発銀座に避難した徳雲さんは、「お前には逃げ場はない。自分の問題として考えろ」と、仏様に言われている様な気がした。

2ヶ寺を回った後で県庁に行き、担当者から受入場所を考えるという返事をもらって帰ろうとロビーを通ると、職員たちが支援物資を仕分けしていて、NHKと福井放送が、それを取材をしているところだった。そこで飛び入りで「私は福島から避難して昨夜ここに着いた者ですが、メッセージを届けさせてほしい」と頼んだ。それが6時と9時のニュースで流れ、すると避難者を受け入れるという申し出がテレビ局に届き、そのリストが徳雲さんに届けられた。

避難と支援

それまでも毎夜、福島の友人や檀家、信徒、地域の寺と連絡を取り合っていた。みんな避難したいが、ガソリンがなくて動けない状態だった。いろいろな物資もガソリンも、郡山まではは届くが、原発が爆発したことで放射能の影響を恐れ、運転手が配達拒否をしたため南相馬までは届かず、ガソリンが無いので取りに出る手立てもない状況だった。それでなんとかしてガソリンを届けようとしたが、容器のタンクはどの店も完売だった。そこで近くの農家の家々を回りタンクを借りて集めた。農機具に注油する為に農家では2、3個持っている家もあった。タンクには貸主の名前を書いた。それらのタンクにガソリンや軽油、灯油をいっぱい詰め、食料や簡単な医療用品、オムツ、生理用品などを買って運んだ。福島を出たものの、ガソリン不足で途中で立ち往生してしまった家族たちと連絡を取り合って途中で会い、彼らが新潟まで行けるだけのガソリンを入れてやり、新潟まで行けばそこで10リットル入れてもらえるから、あとは自力で福井まで行くように伝え、徳雲さんは福島へ向かった。運んできたガソリンや物資を届け、また福井に引き返し、何度も何度もそうやって福井＝福島を往復した。何度も往復したが、福島で活動しなければダメだと思った。

初めて避難所へ行ったのは3月19日、風向きを気にしながら行った。避難所に行くには、相当大きな決心が要った。当時は福島へ留まることは即、死に結びつくと思え、子どもたちを守りたい一心で避難した。いち早く避難したことを決して後悔はしていないし、取るべき行動だったと思っている。だが一方では避難できずに残っている人たちを思って、後ろめたさを強く抱えてもいた。地域に根付いた由緒ある寺の住職として、檀家や信徒の人たちを助けなければならない立場にある自分が、いち早く〝逃げた〟ことに、後ろめたさを感じてもいた。その日避難所へ行くと、やはり「おまえ、今頃になって何しに来た！」ときつい言葉で迎えられた。心は痛んだが、「すみません。子どもたちを守るのは私しかいないので、彼らを避難させました。彼らも避難先で少し落ち着いたので、こちらでの活動に私も混ぜてください」と頭を下げ、入れてもらった。冷たい視線も浴びたが、「徳雲さん、まぁお茶でも」と、お茶を入れてくれるおばあさんもいた。この水は安全な水だろうか？　なども思いながら、断れずに飲んだ。不安を感じながらも、同じことをし、同じものを食べ、分かち合いたいと思う、そんなことの繰り返しだった。

そうやって少しずつわだかまりが溶けていき、「和尚は一度は離れたが、また戻って来てくれた」と信頼関係を取り戻していった。初めにきつい言葉を放った人も、その人自身が傷ついていたのだと今は思う。6月にできた仮設住宅に入居したり、あるいは借り上げ住宅に入居するなどで、やがて避難所は閉じられた。

徳雲さんは避難所が閉じた後も福井と福島の片道800キロの道程を往復する日々を2年間続けた。回数にして、140回ほどになるだろう。それまで家族一緒に暮らしていた生活は一変し、子どもたちにとっても、お父さんのいない毎日は限界だった。そして2013年に、家族でいわき市へ戻った。

五、それからの日々で

お寺でマルシェ

それ以前のことだが、２０１１年6月に徳雲さんは許可をとって立入禁止区域の小高に入り、草茫茫《ぼうぼう》の寺の写真を撮りオフサイトセンターに清掃活動の許可を掛け合った。そして清掃活動の名目で檀信徒の人たちの最初の集まりを持った。集まったみんなは生き生きと体を動かし、震災以来初めて汗をかいたと笑い合った。水も電気もなく不自由な中で、掃除道具やお弁当を持ち寄っての活動だった。

２０１２年4月１６日に小高区は警戒区域から避難指示準備区域に再編され、日中の入域はできるようになった。徳雲さんはそれを待って、寺の清掃活動を毎月１日と１５日に続けるようになった。

私が初めて小高に入ったのは、この2012年4月16日だが、それから通い続ける中で徳雲さんに会った。年月を覚えていないのだが、初めて同慶寺を訪ねた日には、数人の人がそれぞれ手に竹箒やゴミハサミを持ち、軍手をはめてお掃除をしていた。毎月1日と15日のお掃除の日だったのだ。こうした清掃活動が、除染にもなっていただろう。まだ小高に帰って住んでいる人はいない時期にも、こうして檀信徒さんが集まる姿に、地域の人たちにとって本当に大切な場所であることを感じた。

2013年、福井からいわき市に戻ってからの徳雲さんは、週に5日はそこから同慶寺に通った。道中には線量の高い場所も通過する。寺の境内の除染もまだ手付かずだった。また、遠方に避難した檀家さんを訪問することもあり、車での移動距離は1ヶ月に7000キロ以上になっていた。被ばくしないよう最大限の努力はしていても、原発事故の後始末の行方は見えず心は波立って、全てを投げ出したくなるようなこともあった。野辺のタンポポやシロツメクサなどに、奇形も見るようになっていた。

あの日から3年目の2014年3月11日、同慶寺で牧師、シスター、ネパール僧らと共に合同慰霊祭を行い、日本山妙法寺の「いのちの行進」に参加して青森県の大間まで、福島、宮城、岩手の海辺の道を慰霊行脚した。約1000キロ余り、ほぼ2ヶ月の行脚だった。

お寺でマルシェを開催すると、そこで久しぶりに顔を合わせた住民同士が立ち話で互いの状況を伝えあったり、胸の内を語り合ったりする姿が見られた。住民手作りの柏餅やおにぎり、豚汁、手芸品、支援者からも出品される様々なものが売り買いされ、柏餅は好評ですぐに売り切れた。出品したものが売れるのは、作り手にとっては大きな励みになる。支援者が歌や踊りなどを催し、見物の人も巻き込んで気持ちの輪ができた。そうした姿にマルシェを続けようと思い、いわきから通いながらお寺マルシェを開いてきた。

2016年避難指示が解除され夜間の滞在が出来るようになってから、小高駅周辺には徐々に医院や飲食店、魚屋が再開し、また新たに店開きしたスーパーや食堂などもある。2013年以降、2ヶ月に1度開いてきたお寺マルシェだが、2017年からは春秋の2回にしている。人が集い、そこに心通わせ合う一つの場ができることを目指してきた。

2020年の小高は、お昼時などは目指した店がいっぱいで別の店を探すこともある。しかし、人の姿が見えて街の息吹が感じられるのは駅の周辺に限られる。街を外れると人に会うのも稀になる。少しずつ住民は戻ったとはいえ、その多くは高齢者で若い世代は戻っていない。少数だが、Iターンで小高に移住してきた人もいて、彼らは比較的若い世代になる。戻った人も移住した人も、小高の再生を考えて活動している。

いま福島で起きていることは福島だけの問題でも、日本だけの問題でもない、ボタン一つで電気が付き水がお湯になる生活を享受してきた私たち一人一人が自分事として、立ち止まって考える時なのではないか。コンセントの向こう側に思いを馳せるべきではないかと、徳雲さんは考えている。そして新たな取り組みも始めている。

4人の子を持つ父となって今の学校教育を見ていると、生きる力を育てるよりも、点数を得ることに重きを置いているように思えてならない。原発事故後の福島で生きる子どもたちには、生きていくために必要な真に質の高い教育が大事だと考えている。そして「ふくしま文庫」を開設した。これは、7世代先の子どもたちのためにと、遠い眼差しを持った試みだ。熊本県菊池市でお茶農園を営む正木高志さんの協力を得て、福島の子どもたちを保養に招待し、阿蘇の大自然の中で、頭でなく足元から、腹から学ぶ機会を作る。人が生きていくために大切なこと、火を焚くこと、野山に入って食べられる草木や木の実を探すこと、川や海で魚や貝を捕まえること、そうした生活の基本の力、自分たちのことは自分たちでするという当たり前だが、とても大事なことを通して生きる根っこを育てたいと思っている。

また、命の神秘、大切さ、繋がりなどを学び、自分で考え判断し行動するための補助活動として、絵本や紙芝居作りも考えている。

原発事故は未曾有の被害を今も尚、もたらし続けているが、一方で新たな繋がり、人の縁を生んだ。ネイティブ・アメリカンのオブジエ族の精神的指導者デニス・バンクスさんは、それまでも何度か来日していたが、2013年には初めて同慶寺を訪問した。そしてその秋に「大地といのちの祈り」の集いを持った。翌年も訪ね、さらにその翌年もと3年続けて訪問し、「大地といのちの祈り」は続いた。

私は2015年12月大地が霜で真っ白になった日の「大地といのちの祈り」の集いに参加したが、地元小高の人ばかりでなく県内各地から、高崎や東京からの参加者もいた。

この日、デニス・バンクスさんはアメリカ先住民としての自身の体験ばかりでなく第二次大戦後の世界各地での戦争やウラン採掘、広島・長崎、チェルノブイリ、福島の災禍が多くの人を殺し大地を酷く苦しめていることを語った。そして、「現地の当事者から届く声が一番強い。福島から声を発せよ。世界中の人々が、福島からの声を求めている」と言った。その言葉に徳雲さんは、改めて、福島で生きていく覚悟を問われたと思った。人生の主人公として、今ここが正念場と思い、人生は〝今〟の連続なのだから、この一瞬一瞬を互いに大切に生きようと思った。デニス・バンクスさんは2017年秋に亡くなったが、彼の言葉は今も徳雲さんの心に残り語り続けている。

避難指示解除後の小高で

震災前の小高には、ゴミの分別収集と再利用に取り組む「小収店《こしゅうてん》」があって、365日、毎朝9時から夕方4時まで営業していた。無料の会員制で小高の全戸が会員ではなかったが、会員は徐々に増えてきていた。小収店にゴミを持って行き、40仕分けほどある分別ボックスに入れる。例えばビンは透明・茶色・その他の色などで仕分け、紙も新聞・段ボール・コーティングの有無などに分ける。分別することで、私たちの生活がいかに過剰包装が多く、いかに無駄なゴミが多いかが判った。しっかり分別すれば、ゴミが資源に変わることも学べた。夕方回収業者が来て分別されたビンや金属などを買い取っていくので収入にもなった。生ゴミは紙やプラスチックなど入っていたら、どんなに小さくても取り除いて生ゴミ専用のボックスに入れる。それを海辺に建設した液肥化するプラントに運び有機肥料にした。プラントはみんなで出費して備えたものだった。その液肥は1リットル10円で販売されていた。3年以上その有機肥料だけを使った畑で採れた作物は、生産者が有機栽培品として小収店で販売できた。その野菜はとても美味しかったので、すぐに売り切れてしまうのだった。各地の行政から毎週、見学者が訪ねてきていた。

だが、東日本大震災が起きた。液肥化プラントは津波で流され、原発事故でコミュニティは分断され小収店の試みは消えてしまった。

原発事故後の社会の中には、これまでの生活を見直そうという雰囲気が一時期は生まれた様に思えた。小収店で目指そうとしていた社会に向かっていけるのではないかと思えた。けれどもいつに間にかまた社会は元の木阿弥で、原発事故は無かったこと、終わったことと思われている様に感じられる。

避難指示が解除されてから戻った人の、ほとんどは高齢者だ。被災前には複数世代で暮らしていた家族も少なからずあり、中には3世代、4世代で暮らしていた家もあった。しかし子や孫など若い世代では、避難先で新たな暮らしを始めた人たちが多い。そのような状況の中で、先祖伝来の土地を守りたい、生まれ育った小高の家で暮らしたいと帰ってはきたけれど、家族は分散して周囲にも人は戻らず、独居に無情を感じて自ら命を絶ったお年寄りもいた。懇《ねんご》ろに葬儀を執り行なっても、原発の存在を許容してきた現代に生きる一人として、強く無念を感じる徳雲さんだった。

事故前から最終処分の場所も方法も決まっていなかった原発は、事故で溶け出した燃料棒が、どこにどれだけあるかも不明だ。海へ大気へ放射能は漏れ続けているのに、なお再稼働を進めようとする政府と電力会社。今なお10万人以上の人が避難しているのに、東電からは賠償問題で誠意ある対応はなく、逆に線量の基準値を上げて、線量が高く危険な場所へ帰そうとする政府。誰も責任を取らず、被災地の人々は分断されている。それは物理的にも、家族が離散して暮らす状況であったり、住民同士の心の分断であったりもする。

反・脱原発の声も大きく上がり毎週金曜日には官邸前で集会が開かれ、各地でも集会が開かれていたのに、政府は再稼働への姿勢を崩さず、事故を起こした東電も真摯な反省はない。様々な立場から各地で被災者たちは裁判を提訴した。

徳雲さんも大飯《おおい》原発差し止め訴訟の原告になった。福井地裁一審で樋口英明《ひであき》裁判長の下した判決は「発電行為は人の幸せと天秤にかけられる様なものではない。事故が起きれば何十万、何百万の人に迷惑をかけ、国や電力会社は発電停止は国富の流出というが、本当の国富は人々がごく当たり前に日常を送れることで、すべての経済活動よりも人格権は何よりも上回る」とした素晴らしい判決だった。ところが被告の関西電力は控訴して名古屋高裁金沢支部で、第二審にかけられた。徳雲さんは第二審で意見陳述したが、裁判長を含めて3人の裁判官は徳雲さんとただの一度も目を合わせようとせず、ずっと下を向いて書類に目を落としているだけだった。

事故後に提訴された30件を超える原発裁判では一審から酷い判決のこともあるが、一審で良い判決が出ても、二審でそれが覆される。それでもたくさん裁判を起こしていけば、全て国寄りの判決にはできない。大飯原発差し止め訴訟の様に、一審で良い判決を積み重ねていくことはとても大事だと思う。徳雲さんは、2020年3月に提訴された「宗教者が核燃料サイクル事業廃止を求める裁判（宗教者核燃裁判）」の原告にもなった。国の姿勢を問い続けようと思う。

2019年11月23日、ローマ教皇が来日され、25日には東日本大震災被災者の集いが開かれた。その集会では宮古市の幼稚園園長の加藤敏子さん、いわき市から東京へ家族と共に自主避難した高校生の鴨下全生《まつき》さん、そして徳雲さんの3人がスピーチをした。与えられた時間は2分間という短い間だったが、徳雲さんには伝えたかったことが二つあった。一つ目は「私たちは被害者であると同時に加害者でもある」ということ、二つ目は「私たちは地球の一部、環境の一部であり、全ての生き物たちは密接に関係していて、究極的には私たちは一つである」ことの2点だった。しっかりと伝えることができたと思っている。

農業者として生きてきた人たちは、ただ暮らしていけるだけの生活費があれば良いのではなく、土を耕して喜んで受け取ってくれる人がいることが生きがいになる。でも今、小高で米作りをしても元のような日々は戻らないだろう。食べるものではなく別の生産物はどうか。

それにはまず、自分で試してみたい。ガンジーさんに倣って自分の衣食住は自分で作りたいと思う。せめて絡子《らくす》（略式の袈裟《けさ》）くらいは作りたい。もともとこの辺りでは麻の栽培をしていたから、麻はどうかと思い県に尋ねると、農政部ではなく麻薬を取り締まる保健福祉部薬務課が管轄窓口だった。作物を作りたくて問い合わせたのに。畑のことなど何も判らない警察が出向してきて、「口に入れるものでなく繊維を取るための作物だ」と説明しても、糠に釘状態で「あんたらが何を言っても許可しない。申請書は渡さない」と言われた。

麻の栽培というとすぐに麻薬と結び付けられるが、麻で作るヘンププラスチックは微生物の関与で、環境に悪影響を与えない低分子化合物に分解される。プラスチックゴミによる海洋汚染を考えたら、麻の有用性はとても大きい。デニス・バンクスさんの「立ち上がれ！　諦めるな！　祈れ！」の行動提起の言葉が支えだ。あきらめずに強い意志を持って仲間と繋がり、うねりにしていけたらと思っている。

10年前の大地震で、由緒ある古刹には歪みが生じていた。徳雲さんは、建物はこのままでも凌《しの》げるから、このままでも良いと思っていたが、檀家さんたちは「このままでは、俺たちが死んだ後でどうなるか」と案じて、修復したいと言った。徳雲さんが檀家さんたちに、道元の言葉には「後のことは後の人に」とあると伝えても、檀家さんたちの思いは変わらず、「やるだけやっぺ」と言うので、その思いに水をさすのは止め、徳雲さんは「じゃあやりましょうか」と答えた。するとみんな、とても元気になった。具体的な目標が、元気を生んだのだろう。そして浄財も寄せられ、本堂の修復が進められている。

屋根瓦を剥がし、ズレが生じていた柱組みを直し、ヒビの入った漆喰壁を塗り直して、大々的な修復工事になった。葺き替えるために新たに焼いてもらった屋根瓦の一部には浄財を寄せて下さった方たちの名前が刻まれている。２０２１年3月、あれから１０年経つその日にはいぶし瓦が陽光を受けていることだろう。

物を持たない生き方を目標にして「半農半僧」の生活をしたいという徳雲さんは、具体的な行動目標として、グローバルに考え、ローカルに行動し、大地は一歩一歩踏みしめて歩くことを心情としている。そして今もなお、いわきから１３０キロの道程を毎日通っている。

Ⅲ　飯舘の土に生きて

菅野榮子さん

菅野《かんの》榮子さんは、1936年5月8日飯舘《いいたて》村関沢《せきさわ》で生まれた。23歳の時に、中学時代の同級生だった佐須地区の栄夫《ひでお》さんと結婚した。明るい声でコロコロと言葉を転がすような話しぶりの榮子さんは、しっかりとこちらを見据えながら、胸に湧いてくる言葉を淀《よど》みなく続けていく。時に高らかな笑い声を上げながら、途切れなく続く榮子さんの声に引き込まれながら、その言葉の深さに私は聞き惚れた。言葉は意味を語り、声は想いを語る。それは「榮子節」と言っても良いだろうか。

初めて会って「榮子節」を聞いて以来、その語り口に魅せられて私は何度も榮子さんに会いに行った。避難していた伊達《だて》市の仮設住宅に、またそこを退去して飯舘村に戻ってからも、幾度も訪ねて声を、言葉を聞かせてもらっている。その言葉は、飯舘の土に生きてきた人の哲学だと思っている。

私は、ここでは榮子さんの言葉で綴《つづ》っていこうと思う。読者の方たちに榮子さんを知っていただくには、それが一番ふさわしいやり方だと思うから。

一、小海町で凍み餅作り

初めて菅野榮子さんに会ったのは、2015年12月、信州小海町《こうみまち》でのことだ。飯舘村の人たちが小海町に行って伝統食の凍《し》み餅作りをするというので、榮子さんに会いたくて私も小海町に行った。凍み餅というのは飯舘村の伝統食の一つで、山間部で冷涼な気候の飯舘村には地域に特有のこうした伝統食があったが、原発事故で全村避難となり、食文化の継承も難しく思われた。村の食文化を守ろうと「いいたて匠塾《たくみじゅく》」が立ち上げられた。そして気候条件が飯舘村と似ている小海町に話を寄せて、2012年1月から小海町のボランティアグループ「八峰《はっぽう》村」のメンバーたちと、凍み餅作りを通じての交流が続けられてきた。その日は4度目の凍み餅作りの日だった。

凍み餅作りが終わって夜の交流会の終わりに「いいたて匠塾」の菅野哲《ひろし》さんが挨拶をした。

「飯舘の伝統食の凍み餅が、こうして小海町の皆さんの手で作られるようになって、これからは凍み餅が小海町の特産品になって町おこしの一助になるようにしていってください」

そして交流会の締めの挨拶は「八峰村」の渡辺均《ひとし》さんだった。「初めは支援活動として取り組んだ凍み餅作りでしたが、回を重ねていくうちに小海の私たちが元気づけられ学ぶことも多くありました。そして今また菅野さんの言葉で改めてそのことを強く感じました」

凍み餅は、餅米と粳米《うるちまい》を粉にしてそこに茹でたゴンボッパ（オヤマボクチの葉）を手でちぎり入れてよく混ぜて蒸し、それを搗《つ》いた餅を寒風にさらして乾燥させた餅だ。米粉を使うがくず米も使えるし、また長期保存ができる。

オヤマボクチはキク科の野草で日陰になる山の斜面などに自生するが、アクが強いのでサルやイノシシも葉を食べない。電柵など無かった時には畑の周囲に植えて獣害を防いだし、佐須ではイノシシが簡単に入れるような畑地では畑を休ませないために、そして凍み餅を作るために栽培してもいた。凍み餅には、田植えが終わった6月中旬頃からお盆前の8月中旬頃までに摘んだ葉を使う。原発事故後は避難先で栽培していて、この日も匠塾の人たちは乾燥させたゴンボッパをどっさり持ってきて、それを使って凍み餅を作ったのだった。

絶やさない思いを抱く人がいて、受け継ぐ人がいて、伝統はバトンタッチされていく。榮子さんは、いつか飯舘村で作れるようになった時に村に伝える人がいなかったら、自分たちの代わりに、子や孫たちに伝えていってほしいと願っていると言った。

交流会での歓談の後で、榮子さんに話をお聞きした。

榮子さんは、「飯舘村の佐須地区で農業をしていました」と言って語り始めた。

二、榮子さんが語る自分史

「どんなものでもそうですが、ものを作るということは、作る人その人その人の個性と心が映ると、私は思うんだよね。視点がどこにあって完成したかということだな。完璧などということはないだろうし、自然を相手にしていくのは難しいよ。農業は、神様が授けてくれたけんど、『良かったな』と思う年もあれば『また来年に賭けよう』と思ったことのほうが多くて、それが人生なのだろうな、私はそう思う。そう思って生きてきたんだけんど、ここにきて放射能に出会ってしまった。あれはまるで戦争だ。

終戦は小学校の3年生の時だったから、私は戦争中の体験もしているし、広島に原爆が落ちた記事も新聞で読んだのを覚えているよ。新聞、読んでたからな。父親が戦争に行ってたから、家は母と慶応生まれの婆ちゃんと3人暮らし、子どもながらに父の安否が心配でなんねかったよ。

あんな不安な思いは、誰にもさせたくないという経験だ。そんな経験してきて戦争はダメだと思ってたから、憲法9条で日本が戦争をしない国になったって知った時は、子ども心に嬉しかったよ。

んだからよ、私たちの時代は、貧しくても夫婦揃って子どもを育ててくることができたのは、幸せだったと思う。

今は仮設に居っけど、仮設閉鎖後はどうすっか……、それがこれからの課題で、自分の心と自分の生き方と諸々《もろもろ》を含めて、葛藤が始まってるよ。原発事故の後、『避難は2年くらいの間に終わるようになんとかするから出てください』って言われて飯舘を出たのが、2年になり、3年になり、4年になり、もう5年になる。その月日のうちに心も揺れ動くし……、もう帰れないって思ったよ。放射能が飛んできて飯舘村は線量が高いからもう住めないと思い、ホットスポットって言葉を知らなかったけど、避難している間にいろんな情報が入ったり、いろんな人に出会ったりして、ああ、これはもうダメだ、帰れないんだと判ったね。

被災前の家族構成は、私ら夫婦と息子、介護が必要な姑の4人だった。体も弱く丈夫ではない息子には百姓は無理だろうって夫は思ってたし、私もそう思ってたよ。夫が膵臓がんになって、平成22年の田植えは誰かに頼もうとしてたんだけど、父親が倒れたのを契機に、息子は

『俺も百姓やる』って言い出して、それを聞いたから、教えてもらえるように知り合いに頼んでやっからって言って、そんで息子は近所の仲間に教えられて種籾《たねもみ》撒いて苗を作って何とかかんとかやって、んだけどその年の7月に、夫が亡くなったの。そうして秋になって、近所の仲間に教えられながら収穫も息子がやった。息子は収穫の喜びも、農業の厳しさも経験しただろうと思うよ。息子は何にも云わなかったけんど、それは息子にとってこれからの人生の試練だと思って23年を迎えた。

年が明けて1月に、10年間介護してきた姑も亡くなり、『みんな終わった。ああ、これからどうしよう』って自分で気がついた時には、息子と二人、残されていた。原発事故が起きたのは、その年の3月だったよ。

私ら夫婦は土に生きて飯舘の農業を背負って、どういう生き方をしていこうかっていう中で、冷害常襲地の飯舘で米とタバコを主幹作物としてやってきたけど、夏場の作物に頼っていたんでは冷害常襲地では立ち上がれないし決まった収入を得られないって、結婚して間もなく酪農に切り替えてみようって相談して、夫と二人で酪農を始めた。それから46年と6ヶ月は酪農人生だったけど、70歳を契機に、もう体力の限界だって思って酪農は廃業した。

いろいろ経験したり、いろんな人に出会ってきたけんど、そんな中で農政の移り変わりもあったし、国の指導に基づいて設備投資もしてきて負債も抱えた借金ダルマの人生だったよ。乳価が高い時期に計画立てて規模拡大してきたものが、貿易の自由化だってんで乳価がどんどん下がって、そうした中では酪農は並大抵ではない、動物を相手に生きるなんてのは、本当に大変なことなんだよな。生き物との生活は楽しみもあるけんど、牛と共に生きるなんてのは5年や8年で成果を見ることなんかできないからな。牛の改良に取り組まねばなんねぇし、もしいま酪農を始めるって言ったら、億の金がないとできないんじゃないの。品種改良・育種改良っていったら、何代もかからないとできないよ。北海道の大酪農家なんかは幾代もかかってびくともしない世界的な酪農家が出来上がったって歴史もあっけど、私はそういう中で一つの自分の足跡残してきただけだけんど、土地があったからなんとか切り替えて、それなりに食べていくだけの収入を得る工夫はできたんだな。

そこに、この原発事故だ。息子と二人残ったけど、事故が起きた3月は、田植えができるかできないかギリギリの線で、農協も役場も百姓も苦しんだよ。ほんと、あん時はなぁ。通常なら4月20日頃水稲の種まきしなければなんねぇが、4月17日、18日に『米はダメ』ってなって、準備してた種籾は、農協がぜ〜んぶ引き取った。

そういう経緯だけんど、それからいろんな人がやってきた。メディアや学者の先生方、自然環境を研究してる人や村つくりに協力してきた人や、来てくださいと私らが頼まないでも、いろんな人がいっぱい来たよ。何で来るのかなって思ってたけど、日が経つうちに話を聞いたり自分でも勉強するうちに、正体は判らないけど放射能のことやホットスポットなんて危険性が、私なりに判ってきたよ。

旅館で避難生活してた私は、会津の友人から『榮子さん、一人ならこっちで暮らせるからおいで』って言われたけんど、息子も結婚してこれからは一人だから、自立して生きていこうと思った。行政の情報が入らないと判んなくなっから、行政の指示に従って避難しようと思って一時避難の旅館から、今の仮設住宅に入ったのよ。2年が過ぎ、放射能のことも勉強し、ホットスポットって言葉も判った頃には、ああ、もうダメだって、これではもう、飯舘村での農業はダメだって思った。

月日が経ち、その間ずっと考えてきて、来年再来年と避難解除の時期が近づいてきたらますます不安は募るし、人間の一生のあり方、生き方が問われる時代だと思うようになった。日本の家族制度の中で大家族で住んで、じいちゃん・ばあちゃんがいて3世代、4世代も同居してるのが当たり前の幸せな家庭で、農家はそれを継承してくことが格のある立派な家系・家庭だと思ってきたけんど、この放射能でそういう思いは一変したよ。

放射能の受け止め方は千差万別で、一人一人考え方が違う。『放射能はこういう正体で、こんな影響があって、最終的にはこうなる』なんて統一した見解を正確に私たちに示してるものなんて、何にもないでしょ。政府が言うことも、学者が言うことも、みんなバラバラ。その中で私らは生きていくんだから、みんな一緒に同じ考えでいこうなんてことはできっこないと思うよ。仮設住宅の仲間たちにはそんなこと言ったことないけど、放射能の被害が長引くことで学者も科学者も本音を言わねぐなった。判らないから、言えないんでしょう。

飯舘の家は終戦後、昭和23年頃に建てられたらしいけんど、飯舘の佐須の山で育まれた木材で建てられてんの。新建材の今時の家とは違って木造総2階の農村造りの家で、十畳間が2部屋も3部屋もあって、大きな梁《はり》で、土台は六寸角の木でまわしてあり、柱も六寸角の木で、通し柱も何本もある昔造りの家で、戸障子も木で造られている。そういう家だからすぐに建て替えるような家ではなくって、100年も150年も持つような家で、2代も3代もで住み続けられるように造った家だよ。

長屋っていう屋号持ちの家で、林業の出稼ぎ人たちの泊まるところとして建てらった文字通りの長屋だった。爺ちゃんが嫁をもらって子が生まれ、その子が結婚して孫（後に榮子さんの夫になる人）が生まれたけんど、その頃の家は風が吹くと他所の家に泊まらせてもらいに行くような普請《ふしん》だったから、年月かけて山で育った木をもらって爺ちゃんが新たに建てた家だ。だから爺ちゃんが建ててからだけでなく、使った材の木が山で育ってきた年月の歴史も刻んだ家なんだよ、な。

（榮子さんの）娘たちも息子も、家を壊して更地にした方が税金がかからないし、土地だけの方が売りやすいって言うけんど、私が建てた家でなくて先祖が建ててくれた家だからな。放射能で避難することになったからって、その家を壊して新天地を求めていくことなんてことは、できないよ。家ができて70年も経ってるが、材木にした木はそれよりももっと長く、100年以上もかけて育てられた木だ。それをぶっこす（壊す）ことなんて、できないよな。

でも、飯舘に住むってことは、この原発事故を起こしたことをウヤムヤにして帰村させられるってことは、それを容認することになる。原発は廃炉にする、脱原発にするっていう政府の指針・目標があるなら別だけんど、私たちに被災させて被害を与えておきながら、『飯舘村は5ミリシーベルトで我慢しましょう。10ミリシーベルトでも死にません。100ミリシーベルトでもただちに影響ありません』なんていう中で、帰村宣言したから帰っていらっしゃい、帰ってきたらこんなことしてあげます、ああしてあげますなんて言ったところで、そんなところに私が帰って住むなら、その諸々の条件を認めたこと、容認したことになるんじゃないかって、私は考える。な、そうでしょう？

説明会に行くと、環境省の職員と対面する席を作っておいて、向こう側に座った職員は、正々堂々とそう言うんだよ。昔の言葉で言えば職員は役人でしょう？　それが平民の私らに正々堂々と言うんだよ。『5ミリなら大丈夫、10ミリでも死にません』って。公的な立場の人が堂々とそんなこと言えるっていうのは、全く私たちを侮辱してる！　そうじゃないかい？　私は、そう思う。

そんな中に帰っていくってことは、私には3人の子どもと6人の孫がいるけど、孫たちが大人になった時に、『うちのばあちゃん、その時どんな判断したんだろう？』って言われるんでないかと思う。

原子力の平和利用といって原発に手を掛けて日本の経済大国を作ってきた企業と政治家、まぁ国民にも責任はあると思うけど、私たちもそれを容認してきたんだから責任がないとは言えないけど、世界に類のない大きな事故を起こしたことに対しての終結の言葉が、「100ミリシーベルト以内なら、直接影響はない」なんて言えると思いますか？　環境省の役人の言葉には、飯舘村民はみんな、苛立ちを感じているよ。IAEA（国際原子力機関）も全世界の人類・動植物は1ミリシーベルトでいきましょうと方針を出しているのに、飯舘村はなんぼ頑張って除染しても1ミリシーベルトになりません、5ミリシーベルトで我慢しましょう、20ミリシーベルトでもいいですよって。その言葉には、みんなカッカ、カッカとしているよ。今になってみればだいぶ言葉を選んで言うようになったけど、どんなに言葉を選んでも、私らは前に言った言葉を聞いてしまっているからね。言葉を選んで言ったたって逃げ道を作ってるだけにしか思えないよ。

科学者も平和利用のためにと、政治家も国民の貧しさを見ていて、両者とも世界の大国と肩を並べていかなければという望みがあったから、エネルギー源を核物質に求めることに目を向けたんだと思うけど、でもその時には、原発を動かす科学者を抱えているなら、原発から放射能が出た時に完璧に除染できる科学者を育ててから手を出すべきだったと思う。

除染する方法は絶対にないって、世界中の科学者はみんなそう言っている。世界が掌だったら、その小指の先程の日本で、自然がある過疎地だからいい、海があるからいいと言って54基もの原発を作って、事故を起こして今になって20ミリシーベルトだとか500ミリシーベルト（当初、政府は作物の出荷を500ミリシーベルト以下なら可としていた）で我慢しろなんて、よくそんなことが言えるもんだよ。

まぁ、子どもには子どもの生活リズムがあるから、それぞれに自分の本当の一生を自分らしく生きていくだろうと思う。自分らしく生きるってどういうことかと考えるけど、私はできるところまで自然の中に身を置いて、自立して生きていこうと思います。凛として生きていこうと思います」

初対面の時に、榮子さんが自己紹介で語った自分史だった。

三、味噌さえあれば

被災前の佐須では、集落のかあちゃんたちが加工場で作った味噌が「佐須の味噌」のブランドで販売され、固定客も多くついていた。佐須の米と大豆を使って地元の薪と水で蒸《ふ》かし、昔ながらの土壁の蔵で胡桃《くるみ》の木樽で寝かせて作った味噌だった。ところが原発事故でかあちゃんたちは避難を余儀なくされて、味噌作りの存続が難しくなった。けれども榮子さんの味噌蔵には2010年に仕込んだ味噌が樽のまま残っていて、それは奇跡的に被ばくを免れていたので、それを種味噌としてその味を引き継いでいこうと、ボランティアによって「味噌の里親プロジェクト」案が持ち上がり、2011年12月19日にプロジェクトが正式に発足した。

「福島県飯舘村から救い出された手作り味噌の〝守り手〟を募っています」と、参加を呼びかけた。飯舘の味噌を絶やさずつなげていこうという試みだ。被災者と支援者の交流、そして飯舘の食文化を守ろうと参加者を募り、味噌作りのワークショップは以来、茨城、東京、神奈川、埼玉など各地で開かれてきた。

有機栽培で育てた国産蒸し大豆1kg入り2袋、玄米麹1kg、海水塩400g、種味噌150gと作業袋が1セットで、これで3・5kgの味噌ができるが、この内から任意の量をプロジェクトに寄付し、残りは参加者が持ち帰り各自で熟成させる。寄付されたものはプロジェクトが熟成させて、被災地支援や次の活動に役立てる。こうして佐須の味噌は受け継がれていく。原発事故を契機に立ち上げられたこのワークショップで、味噌作りを初めて体験した人もいただろう。

ワークショップではいつも必ず榮子さんは、村の暮らしとその中での食生活を語ってきた。参加者たちが味噌や凍み餅を通して、自然と共生することの楽しさや美味しさを体験し、原発事故はそれを奪うのだということを知って欲しいと願っていたからだ。

味噌の里親プロジェクトの話から、被災前の話になり、かあちゃんたちで加工場を作ったことやそこでの味噌作りを話してくれた。そして榮子さんは言葉を繋げて言った。

「作物でも何でも、物を作るのは難しい。野菜一つ作るのも、その年その年で気候が違うし、土地柄もある。長い経験がものを言うから、年寄りの話はよく聞いておかなければ、な。大学の先生ばかりが、先生じゃないよ。その土地、その土地で育まれた知恵があっからな。

嫁いだ時には、菅野家には明治17年生まれの爺ちゃんがいた。息子より孫が可愛いって言うけんど、孫嫁の私も爺ちゃんに可愛がられた。山仕事が好きな爺ちゃんで、頭痛がする時でも山に入れば清々して帰ってくるような爺ちゃんだった。地下足袋が破れてパッカーンと口開いてても、藤蔓《ふじづる》で括って履いて『こうすれば大丈夫』と言って山に行くような爺ちゃんだった。

『頭痛えから、山さ行ってくる』と言うから、『爺ちゃん、山行くなら弁当持ってくか?』って聞くと、持ってくって言うから握り飯作って、おかずは何にしようと思ってると爺ちゃんは、弁当の横に味噌入れてくれればいいと言う。

弁当を空にして帰ってきた爺ちゃんに、『爺ちゃん、おかずも無ぇで全部食べられたの?』と言うと爺ちゃんは、『山に入れば食うもんはいっぱいある。ウドやシドケがあれば採って味噌つければおかずになる』と言った。春には春の、秋には秋の恵みがあるって。

私たちの子ども、爺ちゃんには曽孫が生まれたら、その子が学校行く時役立つようにって、爺ちゃんは味噌弁当持って杉の植林をした。70年経って、それがパァだ。原発事故で杉はダメだ。『爺ちゃん、ごめんね、ごめんね』って、泣いたよ。

話し好きな爺ちゃんに、私は育てられたんだな。話が好きで人を惹きつける話し方をする人だったから、山の中や畑の草取りしながら爺ちゃんの話を聞いて、私は教えられた。話が繋がって、物語のようになる。わぁ、この人は大学など行ったわけでもねぇのに、山の中で生まれてそれなりの教育はしてもらったけど、立派な人だなぁと思ったよ。話す順序や言葉の使い方を、爺ちゃんの話に教えられたよ。人の心を信じる爺ちゃんだった」

四、放射能の降った世界で生きるとは

2016年、来日中のノーベル文学賞受賞作家のスヴェトラーナ・アレクシェーヴィチさんは飯舘村に行き、伊達市に避難している榮子さんにも会った。

「目に見えない放射能の中で生きるには、その被害を受けないように生きる任務があると思うから、情報を聞いたり勉強していかなければならないと思う。原発事故が起きる前は放射能のことなど知らなかったから、事故後に大学の先生に『放射能が地上に降りたということは、

どういうことになるのか』と聞いたら先生は、『世界が変わる』と、一言ポツリと言った。アレクシェーヴィチさんは『福島の生活は未来の物語だ』と言った。原発事故は、今をどうするということではなく、未来の物語になるのだなぁと、その言葉が頭に残った。自分でも情報を集めた中で考えて、これからどうなるのだろうと思う。

だがそうなっても人はいろいろで、それでも原発推進派も居る。私らがこんな思いをさせられていても、規制基準さえ守っていれば原発は再稼働されるし、国も科学者もそのように基準値を決めてやっていく。この世の中、どうなっていくのだろう？

科学者は罪作りだな。科学者も政治家も、人間の幸せのための仕事しねくちゃなんねぇのに、そうしてないもんな。ダイナマイト発明した人が、殺人兵器を発明した人が罪悪感からかどうなのかノーベル賞を作るっていうように、科学者は罪作りだ。

放射能怖くない人もいるんだな。爺ちゃんがイノハナ（香茸）採ってきて食べたんだって。それで『旨いから食え』って婆ちゃんにも勧めたんだって。婆ちゃんが食べないから爺ちゃんは残ったイノハナ干しといたら、いつの間にか干してたイノハナが無くなってた。爺ちゃんが『婆ちゃんがこっそり捨てちまったみたいだ』って言うから、私は爺ちゃんに言ったよ。『旨いから食うのはいいが、死ぬ時に酷い目に遭うからな』って。その時に思ったよ。女は命を生むから、科学的なことは判らなくても、本能的に命を考えるんだなって。いろいろなことを勉強させてもらったが、原発事故は人類の生き方のためのたたき台を作る機会だと思った。

飯舘村、100年後、200年後に誰かが住むようになるかもしれないが、今は住めない。飯舘村で育ててきた特産品の食の文化が幾ばくかの遺伝子を持ちながら、100年後、200年後に誰かがそれを携えて帰ってくるような態勢をとっておくのが、今の夢であり楽しみだ。

復興というけど、復興なんかできるわけがない。放射能と共に生きる気などないけど、その中で生きるには『再生』に取り組まねばと思ってる。国は、再生なんて言葉は使いたくなくて復興だという。自分の非を認めたくなくて、原発事故は津波と自然が犯した想定外の爪痕にしたい。

火山列島の上に生きているのだから、万全を期して人の命を守る態勢をとっていくのが国の在り方であり、そこに住む人の務めだ。放射能を飛び出させるなんて、最大の罪悪だ。私らは火山の上に住む何も持たざる者だけど、生きることについては真剣に考えているし、ちゃんと生きていきたい。叫んでも、満足のいく答えは返ってこない。これだけ言ってるのだからなんぼか変わっても良いと思うけんど、何も変わらない。金さえ出せば良いってものではないだろうに、二言目には賠償金を出したでしょうと答えが返る。

日本だって原発事故の放射能、世界に流れていってる。日本だけに留まっているわけでねぇ。そんなのみんな、科学者だって私らよりか頭良いんだから、ちゃんと知ってるわいな。黙ってるだけだ。そういう中で私ら生きていかなきゃなんねぇんだから、大変だよな。そういう中で生きてかなきゃなんねぇんだから、やっぱり、一人ひとりが考えてかなきゃどうにもなんねぇ。経済優先の旗立てて進むような限りは、どうにもなんねぇな」

五、までいな村で

「飯舘村は東北の北海道と言っていいほど、気候が厳しいところだ。だけんどその厳しさが『までいな村、飯舘村』を作ってきた（「までい」は東北地方の言葉で、「手間を惜しまずていねいに」とか「心をこめて」などの意味）。

事故後は、何かに没頭してないといらんなくなった。私も自分で、何でこんなに畑に夢中になるのかと自問自答することがあるけんど、放射能から気持ちの間隔をおいて生活する必要があるからだ。没頭するものがないと生きられない。でも、それを見て『なんだ、笑ってるじゃないか』とか『元気に仕事してるじゃないか』って、外の人は言う。そんなんじゃねぇんだけどね。

まぁ、色々考えさせられたり、悩まされたり、泣いたり笑ったりの人生が人生なんだけどな。考えてみれば原発事故無ぇうちに人生の大半歩んできた飯舘村にいた時、あん時はいい人生だったなって思うよ。

それこそ、自立か合併かって大きな選挙して村を二分して、村民一人一人が自分が村長になるような気持ちで闘って、自立の道を選んだわけだ。５００票くらいの差で、選んだわけだ。飯舘の村民が自立の村にしていくって一生懸命やってきたから、あれだけの村になったんだ。

私ら本気になってウジャウジャ言わねぇで自分の腹割って、ああだ、こうだと意見出し合って、『までいの村』って。その『までい』だって選挙で自立を選んでから、昔、明治の頃に爺ちゃん、ばあちゃんが使ってた言葉が出てきたんだよ。役場の若い職員から出てきたんだよ。そん時は『なんだべな』って思ったけどよ、私ら子どもの頃に『までいにしろよ』って言われて育ってきたわけだ。なんでも物は『までいにしろよ』って。ご飯なんかこぼすと、『ご飯、までいに食わなきゃダメだぞ』って。

そういうふうに言わっちきた『までい』の言葉が、すべてに心の面でも『までいの心』を持たなきゃダメだっていうのが、みんなに『なるほどな』って。子どもの頃から言わっちきたんだもの、それが普通に使われるようになって、みんな頑張ってきたんだもの。

生活すべてにわたって『までいの心』は大事にされてきたが、食作りには端的に表れていた。先に述べた凍み餅は田圃で米を作ればくず米も出てくるが、それを粉にしてゴンボッパを繋ぎに餅にして乾燥させて保存食になったし、じゃがいもの収穫時には出荷できない小さな芋は皮ごと油で揚げて味噌炒めにした。大根は丸ごと一本、までいに食べた。冷涼で乾燥した気候を利用しての凍み大根や凍み豆腐は保存食になったし、山菜やきのこも新鮮なうちはそのまま料理するが、たくさん採れたら塩漬けにして保存した。山村のつましい暮らしの中で生活圏の中で手に入る食材を工夫して家族が喜ぶ食事を作ってきた。手間がかかっても、美味しく作って食べる楽しみを分かち合う気持ちが、家族だけではなく知人や親戚にも分け合われ、地域の行事で持ち寄って郷土食にもなっていった」

「でもねぇ、この原発で放射能に出会ったたってことは、環境全てが汚されたんだな。飯舘に帰ったたって、元の通りには戻らねぇんだから。やっぱり生きるってことに、人生ずっと生きることの負を背負って生きなきゃなんねぇんだなって、私は思ってる。飯舘村は子子孫孫、負を背負って生きなきゃなんねぇんだなって。

でも、行ってみると綺麗。紅葉なんか山さ入ると、もう綺麗なんだよねぇ。『わぁ、綺麗！』って思うけど、『ああ、でも放射能だもんなぁ』って思うもんな。

どんなに落ち葉がいっぺぇ落ちてたって、1枚の木の葉だって利用できねぇんだもの。

木の葉があったから、飯舘の農業はできてたんだよ。木の葉があったから、飯舘の農業はあれまでになったんだよ。木の葉集めて堆肥を作ることによって土になるんだもの。木の葉が落ちて腐るからプランクトンが誕生して、川の水と一緒に流れて海に行って魚が育つんだから。

帰村宣言されたってな、帰った人も大変だ。帰ってない人も大変だけど、帰った人は大変だ。旦那さんが血糖値高かったり認知症が入ったから帰った人もいるのな。気になるからちょくちょく見に行くんだけど、いやぁ、ここにいるより大変だな。村の受け入れ態勢が整備されてないもんな。みんな年寄りは、あの世に行くには誰だって、認知症の壁を乗り越えないとあの世に行かれないんだもの。認知症になった時どうすんだって、言わないだって判ってんだべ。アンケート調査があるたびに、私らは要望書書いて出してんのな。役場の前に特養ホームが在るのに、『ヘルパーさんが居ないからやれません。従来通りの皆さんの助け合いでやってください』なんてコメント返してくんだから。『お帰りなさい』なんちゃって帰村宣言したって、そういうこと自体おかしいべ。

原発事故だけじゃねぇ。なんでもそうだなって考えさせられた。世の中、どんな仕組みになって回っているんだか判らない。私らはその中で生かされて、生きてかなきゃなんねぇんだから、これは大変だなって。そうやってどこかで辻褄合わせなきゃなんねぇから、いろんなことしまんなくなるわけだ。

　避難する前は働くことに精一杯で、自分が生きることに精一杯で、世の中の仕組みがどうなってるかなんて薄らぼんやりとした中で生かされてきたよ。疑問なんて抱く暇も余裕もねかった。だけど避難していろいろ考えさせらって、だから今の時代、ニートになる人の気持ちも判るし、結婚しない人の気持ちも判る。今ちっと、穏やかなピリピリしねぇ世の中作ってもらいてぇなって思うな。どこに間違いがあったんだか、どこが正しいんだか、判んねぇな。

　自分ではならないつもりでいたって認知症は飛び込んで来んだから、そん時に周りも行政も国も、どう対応すっかな。そういうものが充実してないとやっぱり幸せな一生を送るってことにならないんでないの。だけど村が前向きでねぇんだ。だから、年寄りは早く死ねって言うんだべ。私らがなんぼ役に立たないったって、私らが頑張ってこの厳しい中で頑張ってきたから飯舘村ができたんでないの。

　この震災で飯舘村の人も変わったし、世界も変わった。人は一生勉強だ。いろんな人に会ってきたが、そこでどんな人に出会うかで自分の考えも変わる。良い人に出会った時は、その人の話を真剣に聴く。大変な世の中になるが、その人その人の感じ方で幸せかどうか感じ方が違うけど、生まれてきて良かったと思える社会であって欲しいな」

六、帰ることに決めた

榮子さんは、仮設住宅退去後の生活の場を思い倦《あぐ》ねていた。

被災前には「佐須の三羽烏」と称された仲良し三人組がいた。榮子さんと、隣家の菅野芳子さん、近所の高橋トシ子さんの三人だ。トシ子さんはひと足先に夫婦で帰村した。芳子さんも飯舘の自宅に戻るという。

榮子さんは避難直後は避難所となっていた旅館にいたが、仮設住宅入居を希望していて、伊達市に仮設住宅ができた時にそこに移っていた。

芳子さんは被災前には飯舘村の自宅で、高齢の両親と三人で暮らしていた。息子が二人いるが、長男は千葉で次男は埼玉でそれぞれ家庭をもって暮らしていた。原発事故で飯舘村が汚染地帯となった情報を掴んだ息子たちは、避難の準備をして待つようにと芳子さんに伝えてきて、3月17日に迎えにきた。酸素療法を受けていた老父は避難を嫌がったが説得をされ、芳子さんと両親は18日に飯舘村を出て、埼玉の次男の家に避難した。それは飯舘村に避難指示が出る前のことだから、自主避難だった。その避難中に、老父が亡くなり、10月にまた母を看取って一人になった芳子さんに、息子はこのままここで一緒に暮らすように言ったが、「これからは、一人で自立して生きたい」と言い、仲良しの榮子さんが仮設住宅に居るというから、榮子さんと同じ仮設住宅に入ることを希望した。

そして11月に埼玉から戻って、榮子さんの隣の部屋に入居した。飯舘で隣同士だった二人はまた隣同士になった。飯舘では隣同士と言っても200mほど離れていたが、今度は壁1枚隔てたきりの隣だった。

ところが、仮設に入居した2年後に芳子さんが胃の手術を受けることになり入院。榮子さんは芳子さんが入院中は、手足をもがれたみたいにどう過ごして良いか判らずお見舞いにも行けなかった。「よっちゃんはどうしているか、顔が見たい」と思いながら何故かなかなかお見舞いに行けなかった。ようやく行った時、榮子さんが来るのを待っていた芳子さんは「なんで来なかったの」と泣き、「来たくても来れなかった」と榮子さんは言い、二人で泣いた。避難生活になってまた隣同士になった芳子さんが入院ということで、榮子さんにとっても非常に痛みが大きかったのだ。

仮設入居後に二人は近くに畑を借りていたが、芳子さんが退院してからしばらくは、体力作りのリハビリに励む芳子さんを誘って一緒に畑に行っても野菜作りの作業は榮子さんがしていた。体力が戻ってきてから、芳子さんもまた少しずつ始めて行った。

それより以前から前橋のケアハウス〔悠々くらぶ〕の人たちが榮子さんを支援して、何度も仮設住宅を訪ね気持ちの交流を重ねてきていた。そこは元外交官や元商社マン、海外にアトリエを持って活躍してきた芸術家など老後に帰国した海外生活経験者たちが、資金を出し合い土地を取得して作ったケアハウスで、病院もすぐ近くにある。「一緒に自立と共生を求めて生きましょう」と入所を誘われていた榮子さんは、そこでなら生活指導を受けられるから認知症の予防にもなるのではないかと思い、仮設住宅退去後の場にと考えたこともあった。そう考えた時には芳子さんも誘って一緒にと思い、二人で〔悠々くらぶ〕に泊りに行ってみたことがある。だが、芳子さんは「あそこは立派な偉い人ばっかりだから、私みたいなのは」と人間関係に躊躇《ちゅうちょ》して入居を拒んだ。結局、榮子さんも親友の芳子さんと一緒に帰村することを決意した。自宅は除染しても屋根の汚染が残り、そのままでは安全ではないからと、解体して跡地に新たに家を建てることにした。設計は息子が案を立て、バリアフリーで火を使わない集中暖房の家だ。

榮子さんは解体前に、中にあった物の整理をした。味噌蔵の胡桃の木の味噌樽は引き取り手があって譲った。また、太い梁は、かつて加工場を共にやってきた若い仲間が自宅に加工場を作るというので譲った。佐須の味噌蔵の麹菌が染み付いた木材だから、友人の加工場で種麹は生き続ける。味噌の里親プロジェクトで、孫味噌が各地に広まったが、若い仲間の手で佐須で味噌作りが再開されることになった。

物置からは天秤棒と芋洗いの棒が出てきた。物置から見つけた2本の棒を手にとって感慨にふける榮子さんだったが、息子に『何してんだ。そんな物持って、放射能が出るべ』と声を荒らげて取り上げられた。が、後で榮子さんが見ると息子はまたそこにそっと戻して置いてあった。天秤棒は水や人糞を担ぐのに使ったが、川俣に嫁に行った舅の妹がそれを肩に水を運んでいた姿が懐かしく思い出された。棒の両端には鉤《かぎ》の手の鎖が付いた、弓なりになっている天秤棒だった。

もう1本の棒は夫の栄夫さんが山に行ってちょうど良い具合の樅《もみ》の枝を切って作った棒で、樅は枝先が5本の指を広げたように出ている。70歳で体力の限界を感じて酪農を止めた栄夫さんと榮子さんは、里芋などを作って売りに出していた。桶いっぱいに入れた里芋を、その棒でコロンコロンコロンコ転がして洗うのに使った棒だった。

他人にとってはガラクタにしか見えない物であっても、そこで暮らしてきた人にとっては、それらは思い出の品というよりも自分の歴史そのものを刻んできた、自身の体の一部とも言える物だっただろう。

「よっちゃんは家も壊さねぇで帰るって言うから、まぁよっちゃんと一緒に帰ることにしたの。二人だから生きてこられたんだから、あとはどっちか認知症になったら、その時に考える。帰って行ってみて、飯舘村の土になる。やるわ。まぁ飯舘さ帰るわ。帰って本当に人が生きる道を、お互いに模索しながらやっぱり生きてかなんねぇなって思ってる。まぁ、出てしまった放射能、なんぼ拾ったって下がんねぇんだから、そういうふうに環境が変わった、世界が変わった、そん中だって、その足跡を残すべきだと思ってる。

酪農止めてから里芋作って売ったり、胡瓜の漬物作って直売所で売ったりしてたし、凍豆腐も作って売ったりしてたからな、飯舘で生きてこれた。そうして売り上げだのなんだの全部伝票を失くさないで取っておいたからな、賠償請求だって取っておいた伝票の記録が有っから、東電はそれ見て何も言えないで出してくれた。味噌だってなんだって、全部ノートにとって記録してたからな。記録を取っておくって、大事だよ。それも自分の歴史だからな。

これまでで一番嫌だなと思ったのは、戦争と原発だな。戦争も嫌だし、原発も嫌だ。この原発ではつくづく先の見えない生活だが、我慢して生き抜く力をこの原発は与えてくれたんだなぁと思ってる。反面、考えてみればものすごい収穫だったんだなって思う。自分に、こんな試練が与えられるとは思っていなかった。仕事してても、なんでもない時に涙ボロボロ出る時あんだよな。誰もいない時は、余計にそうだ。

でも、こうしていろんな人に会えて、いろいろ勉強になりました。原発事故に感謝はしないけど、原発が事故起こしたからいろいろな人に出会った。やっぱり事故がなかったら、お互いに全然判らないで生きるお互い様だったよな。

この頃はウラン採掘や世界の核燃料扱ってる人たちのことや、核廃棄物をどこに持ってくかってことも考えるね。採掘してる所はどのくらいの線量のところに人が住んでるのって聞いたら、7マイクロ位の所なんだってね。その中で当たり前に生活して子ども産んで、そうして生活してるんだって。それを今度は加工してどんどん加工して利用して、一番最後に捨てるカスがもの凄く人に悪影響及ぼすのに、そういうものにして捨てるわけなんだよ。鉱山で働いている人たちだけじゃないんだよ。世界全体の問題だ。

この歳になんねぇと判んねぇことといっぱいある。でもよっちゃんが居るし、二人で一人前でいいな。なんとか二人で顔出して一人前でいいなぁって。仲間がいたってことに感謝してる。私は、よっちゃんと二人で帰る。帰村したら、そこが自分の戦場になるよ。前の暮らしはできねぇからな」

七、帰ってきたら、ここが戦場だ

榮子さんと芳子さんが飯舘村佐須へ帰ったのは、2018年12月24日だった。帰村を決めた当初は、5月連休が過ぎてから二人で一緒に引っ越しをと考えていた。そして、それを見越して榮子さんの新居の建設にかかったのは、その前年からだった。雪解けが遅い春で工事は予定通りに進まなかったが、秋には引っ越しができるだろうと考えていた。工事は予定より少し遅れたが、夏には新しい家は完成した。ところが芳子さんは元の家のリフォームを予定していたのだが、見積もりの結果リフォームは費用が嵩《かさ》むので計画を変更して建て直すことになって、芳子さんの家が完成しての引き渡しは、もう年の瀬が迫ってからのことだった。そんなわけで予定よりもだいぶ遅れたが、ともかく2018年の内に引っ越しを済ませることができた。

榮子さん、芳子さんの二人が新居に入って3日目に私は、榮子さんを訪ねた。

榮子さんの家は、石塀と庭石や庭木はそのままに、また見事な見越しの松もそっくり残して、その奥に平屋建ての瀟洒《しょうしゃ》な作りの新居があった。この松は榮子さんが嫁に来た頃、お舅さんが山の植林に入った時に1本だけ変わった葉の松があるのを見つけ、それを移植して枝振りを横に伸びるように育てたものだ。青々とした芝生が広がる庭で、聞けば人工芝とのことだった。草取りの世話がないようにと、息子が考えてくれたという。

榮子さんと話していると芳子さんも顔を出した。榮子さんはおにぎりと味噌汁、漬物など、お昼を用意して下さっていた。榮子さんのおにぎりに「わぁ。こんなに大きいの食わんねぇよ」と悲鳴をあげる芳子さんだった。

「いや、ほんとに一人だとご飯も食べねぇことなぁ。一合に炊いてもなぁ、こんでは体動かして働かねぇとなぁ。米の減らねぇの。やっぱりご飯はある程度いっぱい炊かねぇと、美味しくないねぇ。ちょびっと炊いたんでは旨くねぇ。大した鍋買ってもらったんだけんど、やっぱり2合、3合ぐらい炊かねぇと美味しくなんねぇんだな。米の減らねぇの見ると、たまげっちゃ。

うちも、よっちゃんが近くに居っから来てくんろって言って来てもらったり行ったりしてな。カボチャ小さく切って、冷凍しとくの。1回食う分、小分けしておくの。緑黄色野菜だからな。私ら、栄養管理しないと、戦になんねぇよ。これから戦だから。

私らここさ帰ってきたって、これから戦争だから。原発事故後はどこに居ても戦争だけんど、これからが本戦だから戦場だ。今までは予備軍でいたけど、今度は本当の戦場だ。でも、おかげさまでいろいろ勉強させていただいた。買っておいた本引っ張り出して今読むと、前に1回読んだんでも、またここさ来たなら来たで、違う感じで奥の深さが判った。字、読めるようにしてもらったんだから、ありがてぇ。親に感謝してる。

ここで生まれて、故郷が、こんな村嫌だって思って出てみれば、ここが一番良くて、生活の目処《めど》が何も立たなくたって、ここの土になるんだって帰ってくるわけだから、その人たちが帰ってきて良かったなぁって思って死んで行ける環境を整えるのが村の役割だ。私らも、出来るだけ迷惑かけねぇように最大限努力して生きっから。その努力、よっちゃんと一緒にしなきゃなんねぇなって話してる」

榮子さんがそう言うと、「榮子さんが居っから」と芳子さんが言い、ここでは白菜やネギなどの野菜は作らないで、花を植えようと言う二人だった。

「花の苗でも作って、どこさでもただ植えんでなくて、綺麗に植えてくかなって思ってる。綺麗に川の流れが活きるように、山の緑が映えるように、そういう作り方してって、花の命がちゃんと守れるようにして生きていきたいなぁって思ってる。そういう自然があっから出来るんだよ。色も考えて、同系色でやったり反対色を次々に咲かせたりな」

話しながら榮子さんの思いは、いつしか避難したばかりの頃に返っていた。

「7月31日（2011年）に伊達の仮設住宅さ移って、あの頃は畑さ何もしねぇで、後ろさ向いて北の方さ向いて、裁ち板1枚並べて毎日着物縫ってた。いつ着っか判んねぇ着物ぶっこして（壊して）、縫ってた（注：この頃飯舘村から避難して仮設住宅に入居した人たちは、着物を解いて作務衣のような上っ張りに縫い直し、販売していた）。『ああ、おらいつ死んだら良いかなぁ』って思ったったど。若かった頃、村の敬老会のアトラクションで『こんな村、嫌だ』って踊り踊ったけど、『こんな国、嫌だ』ってなっちゃったの。

飯舘村はな、行政区が20だったのを三つのグループに分けて婦人会で踊ったの。婦人会が自主的にやって、そういうのが珍しいって、取材も随分来たんだよ。普通は嫁が出かけたりすっと姑が嫌がったりすっけど、敬老会で踊るのに練習に行くっていうと嫌がらずに出してくれて、敬老会の当日は『あっこで踊ってんのがおらえの嫁だ』って自慢したりしてな。〝若妻の翼〟なんて、嫁を海外旅行に出すなんぞと女性が元気になる企画もあって、取材が多かったよ。女性たちが頑張ってきた村だ。

原発のいろいろ知ったらな、こういう形で原発が作らっちきたんだ、こういう形でエネルギーが使われっちきたんだ、何のためにこうだったんだといろいろ判ってきたら、おら、こんな国、嫌んなっちゃったの。いつ死ぬべぇって思ってたよ。そうやってるうちよっちゃんが来ることになって、11月によっちゃんが来たから。

よっちゃん居たから、やってこれたなぁ。

そうして7年も8年も過ぎて帰ってみたら、山だの庭の木は変わんねぇ。置いてった石だのは変わんねぇけんども、もう全てが様変わりしたよなぁ」

榮子さんの言葉に芳子さんも相槌を打って、二人の会話だった。

「んだなぁ。新しい家さ入っても変わってなぁ。何だか、はぁ、夜んなっと違うんだなぁ」

「夜は悪いな。夏は夜が短いけど、今は夜が長くて持て余す。目覚めたら眠らんなくなる。認知症がいつ入ったっておかしくねぇ歳だからな。よっちゃんと近いから、毎日1回はどっちか行くかして喋ってたっけど、夜は一緒じゃないからな。飯舘では集合住宅作るべきだって言ってた人あっけど、せめて冬だけでも集合住宅必要だなって思ったな。

これからは避難でなくても、いずれ夫婦だって子ども育ててるうちは良いけど、いずれどっちか一方は一人になるんだから、共に生きてく人は作っておかなきゃな。七人も八人も要らねぇ。一人でいい。何でも言える人な。佐須は帰ってきてる人何人かいるけど、誰でも良いわけではねぇからな。子どもさ言わんねぇことだって、よっちゃんには言ってるの。よっちゃん居っからいいけどなぁ。

でも帰ってきたから、仏さんも喜んでんべぇ。婆ちゃんは1月19日が命日だったから、雪だべしさ。んだからいつも、命日には来らんなかったのな。お墓参りに来らんなかったの。でも今度は帰ってきたから、雪降ったけどお墓参り行ったら、自分の心が清々したけんども、悶々、悶々って勝手が違うし、家新しくなったのは良いけんども、やっぱり違うよ」

「んだなぁ。落ち着かないよ」


仮設住宅にいる時から、帰村したらそこが私の戦場になると榮子さんは言っていた。この頃は買い物や病院などにも愛用の軽トラを運転して行っていたが、その後、免許証を返上した。また榮子さんが度々言っているように認知症がでたり、体の機能が衰えて来ることを考えると、日々の暮らしそのものが闘いになっていくのだろう。そしてそういう高齢者を支えようと、行政や国に対して要望していく闘いもある。帰ったらそこが戦場という榮子さんの言葉は、全く的を射た比喩だと思う。

八、そういう人に私はなりたくない

「一枝さんは裁判傍聴してっから聞いてみようと思ったけどな、傍聴席入ったら野次言えねぇしな。なんぼ腹の中にぶった切れること思ったたって、黙ってなきゃなんねぇもんな。日本の国は民主主義だって、おらは学校で習ったよ。三権分立はこういうことだって覚えてきたけんども、疑うことといっぱいあるな。いろいろな裁判の判決見てな、いまちっとしっかり三権分立してたら、もうちっと司法の力があっぺ。だけんども、権力には勝てないんだな。

東電のあのお偉いさんたちの裁判に、なんで検察はこれだけの事故起こしたあの人たちを、自分の仕事として起訴できなかったんだべ？　三権分立でいるんだよ。ほんで弁護士さんたちが、いろいろ資料集めて強制起訴にもってたんだべ？　ほしたら2回も起訴を却下した裁判官だっているんだからな。そこで今度は弁護士が一生懸命苦労して諸々の現実を調べていって書類作って強制起訴にもって行ったら、今度は起訴を引き受けた裁判長だっているわけだ。だってみんな、裁判官の資格は持ってんだべ。

人の心は一番ありがたくて、一番おっかねぇな。私はそう思った。金一つで、どっちにも転ぶんだもんな。なぁ、おっかねぇな。

あの人たちだって、金、金、金って金にさえなりゃいいのかな。こういう大きな事故起こしたって『知りませんでした』って、鮒《ふな》の口揃えるみてぇによ、大の男がだよ。そこら辺のオタマジャクシみてぇの、おらみてぇのが言うのとは違うよ。オタマジャクシは腹ばっかでかくして口揃えて『アッパッパ』って、存じませんでしたって言うのとは違うと思うよ。私、つくづくそう思うよ。

金、金、金って、そういう人にはなりたくないな。私は、そう思うよ。

宮沢賢治の『雨ニモマケズ』って詩があるでしょう？　私ら小学3年生か4年生で習ったけど、ほら、東に困った人あれば助けてやりとか西に困った人あれば、そこさ行って手助けしてやりって。そういう人に私はなりたいって結ばれていっぺし。

だけんど世の中いろいろな人いて当たり前だけど、やっぱりいろいろ居て、嫌がらせやって自分だけ良いって人居るんだからな。自分だけ良くって優越感感じて清々してる性格の人って居るんだよ。いっぺい、居んだ。

だから、そういう人に私はなりたくないって。そういう人に誰が言うのかって？　やらっちゃう（やられちゃう）人が行って、ちゃんと言うの。『あんたみたいな人に私はなりたくないですよ』って。

大人の社会でこんな言い合ったりしてる場合でないから、やっぱり自分の生き様だなって、私は思う。

出る杭は打たれるって言うけど、私ら言いたいこと言うから打たれっけど、打つ側にはなりたくないなって思う。

いろんな人に出会って、いろんな人から情報もらったから、心豊かに生きられたって感謝してます。まぁ、その分苦しむこともいっぱいあったけどな。ここにいて80年以上過ぎ去ってきた中で、物心ついてからだって70年くらいになったけど、心に残るものいっぺぇ抱えてきたな。戦争も経験してきたし、そういう中で得てきたものが本当に貴重な財産だなって思う。

人はもう、死ぬの生きるのって崖っぷち歩いてみねぇと判んねぇんだって。だから私ら、人の集まりさ行っても口数多いし黙ってる方でねぇからベラベラ喋るけど、人の心に傷つけるような喋り方はしねぇって思ってる。

だけんど、『こん苦しみを判ろうともしないでしょ』って時には、ピリッとしたこと言って、そんでも判んねぇ時は、そいつはもう言っても判んねぇんだから、そいつとはもう喋らんねぇ。生きてる支点、世界が違うんだから。

まぁ自分が言ってるのが全て正しいわけではねぇけど、判んねぇ人は可哀想だなぁ、気の毒だなぁって思うよ。もうちっと人に寄り添う気持ちになってもいいべさって思う時、何遍もある。

だから、『そういう人に私はなりたくない』って」

九、この自然がある限り

2020年、佐須の老人会の仲間の一人が、田んぼを作り稲を育てた。避難して以来初めての稲作再開だった。

「田んぼは稲の苗植えてもらったら田んぼらしくなるし、カエルの鳴き声も聞こえるし、自然ってそういうものなんだな。つくづく自然っていいもんだなぁって。今までそれほどに思わなかったけど、歳とったから、ああこんなに自然は良いものなんだなぁって。

私は、この自然はありがたいと思うよ。人がどんなに窮地に追いやられても生きる力を与えてくれる。親も私の命をこの世に出してくれたんだから、親にも感謝してる。84歳になったって歯の1本も抜けないで、親知らず1本抜けただけだ。きゅうりにクルクルって味噌つけて、ご飯食えるもの。
だから感謝して、与えられた人生を感謝して1日1日を生きねべなぁって思ってっけど、飯舘に帰ってきたんだから飯舘の年寄りたちが安心して生きられるような方向づけをしていきたいなぁって思ってる。
この自然がある限り、ちゃんとした生き方しようと思えばちゃんと生きられるんだよ」

榮子さんは気持ちが昂ったり追い詰められるような心地になった時、思いを書き留める癖があるという。伊達の仮設住宅で過ごしていた日々に、書いた一編の詩がある。

「　怒り虫

一匹勝手に怒っている虫
怒り虫を飼ってる？
どんな虫かって？
ひとり勝手に怒っている虫さ
何に？　誰に？　誰に怒ってるの？

ウソをいう奴らに怒っている
あったことをなかったことにする奴らに
人を人と考えない奴らに
心ない奴らに怒っている
毎日　毎日新しい怒りに堪えきれなくなる
毎日　毎日怒りはいっそう激しくなっている
毎日　新しい遺書を書き続けている
沈黙は恐ろしい
忘却は恐怖そのものだ
そう考えるから　一匹勝手に怒っている虫を飼っている」

榮子さんが心の中で栄養を与えながら飼っている怒り虫だ。

そして榮子さんは、爺ちゃん（夫の栄夫さんの祖父）から多くを学んだという。爺ちゃんは佐須で生まれ佐須で育ち、佐須の学校に通って生きてきた人で、ここの自然をよく知ってる人だった。腹痛とか下痢などはこの草を煎じて飲めば良いなどと薬草についても教えられたが、爺ちゃんは蜂蜜を欠かさず常備していた。蜂が花の蜜を吸って飛び去った方向には、空洞のある大木や地面に石が斜めにかぶさって空洞ができているところがあるが、そういう空洞に蜂が巣を作ることを知っていて、そこから採った蜂蜜を常備していた。喘息気味の爺ちゃんは、咳き込むとその蜂蜜を舐《な》め、するとピタリと咳は治った。榮子さんは夫から、戦争中の食糧難の時にも、家には蜂蜜は絶やさずにあったと聞いている。

自然がどれほど大事かということを、また、自然を大切にしながら生きていくことがどれほど大事かということを熟考するから、自然を破壊しながら経済優先で進んでいく社会を、恐ろしく思っている榮子さんだ。

Ⅳ

騙されるな！　怒りをこめて振り返れ

今野寿美雄さん

一、振り撒かれる「安全神話」

今野寿美雄《こんのすみお》さんに私が初めて会ったのは、東京地裁前だった。南相馬に通っていた私は「南相馬・避難20ミリシーベルト基準撤回」訴訟の支援者として、裁判が開かれる日には毎回東京地裁に傍聴に行った。口頭弁論の日にはいつも、地裁前で開廷前の集会がある。集会では原告や支援者が短いスピーチをするのだが、ある日そこで今野さんの発言を聞いた。原発事故の被害者であり原発の技術者でもある今野さんの言葉は、強く心に響いた。私が続けている「トークの会　福島の声を聞こう!」で、是非話して頂きたいと思って声をかけた。その後も反原発の集会や原発関係の裁判の折には顔を見かけ挨拶を交わしていたが、トークの会で話して頂いたのは2016年の秋だった。

その時のトークの会で、今野さんはこう話した。

「トークの会福島の声を聞こう！ Vol.21」で

「制御作業をコントロールする機械や、それを計測する機械はオートメーション化されているが、僕は自動制御計測専任として、それらの機械の定期点検、修理・メンテナンスを主にやってきた。電気関係がメインだったが、そのほかに派遣社員という形でH社やI社の指導員や監督として、作業員を使っての特殊な作業の指導もしてきた。全面マスクを被って、原子炉の下に潜ってするような仕事もしてきた。今までで一番被ばくをしたのはその仕事に関わっていた時だ。

新しい原発は汚染が少ないのでそこでの被ばく量は少ないが、フクイチ（福島第一原発）は古くて汚染が酷く、放射性物質により放射化（汚染された金属が放射線を出すように変質してしまうこと）しているので、被ばくする量が多い。フクイチの1号機から6号機まで全てに入ってメンテナンス点検をしたが、その時に最大で1年間に12ミリシーベルトの被ばくをした。それは29年間仕事をしてきたなかで一番多い被ばく量で、たった1ヶ月でそれだけの量になった。1ミリシーベルト／hの場所で作業をして0・8ミリシーベルト浴びると、そこで作業を終えて上がるのだが、2週間足らずの間に毎日連続で入るとそんな被ばく量になる。監督なので他の作業員よりは被ばくをしない様に管理されていたが、現場確認をしなければならないので中に入り、その時に年間12ミリシーベルトになった。

国がいう年間20ミリシーベルトは国の基準であって、発電所の基準は年間15ミリシーベルトだ。20ミリシーベルトを超えるといけないので、各メーカーや事業者である電力会社は、年間15ミリシーベルトで管理されている。そうした中での12ミリシーベルトだった。

年間20ミリシーベルトは5年間で100ミリシーベルトになるが、1年間最大50ミリシーベルト、かつ5年間で100ミリシーベルトを超えないというのが法律上の制限値だ。そして1日1ミリシーベルトを超えないことにされているが、労働基準局に届け出て特別協定を結ぶと、1日最大2ミリシーベルトまで許される。ただし、2ミリシーベルトといっても、ほんのちょっとしたことでオーバーしてしまうことがある。高線量の場所なので、作業場から上るのがほんの1、2秒遅れただけでも2ミリシーベルトを超えてしまう可能性があるから、アラームメーターは1・5ミリシーベルトでセットする。

東海村での仕事中に、1・5ミリシーベルト超えが発生してしまったことがある。原子炉の下にはCRDといって燃料の制御棒を駆動する装置があるが、そのメンテナンスの監督として仕事にかかっていた。作業員が中に入って制御棒を引き抜いた時に、損傷燃料が装置についていた。損傷燃料は50ミリシーベルトもあるので、一瞬にしてアラームが鳴り出し、作業員は一斉にそこから飛び出した。原子炉は直径5メートルくらいの広さで、2~3メートルの分厚い壁があるが、その通路を伝わって逃げたが間に合わず、1・5ミリシーベルトをオーバーしてしまった。

すぐに労働基準局が来て事情聴取されたが、2ミリを超えていなかったので事後報告提出ということでその作業は許されることになり、逮捕されることもなく済んだ。常にそうやって労働基準局や、放射線障害防止法や電離放射線障害防止規則（電離則）などの法律上や法令など厳格な基準で、原子力発電所の作業員は管理されている。

作業員以上の被ばくを強要される福島県民

ところが現在福島では、なんの管理もされずに、年間20ミリシーベルトなどの基準が小さい子どもにまで強要されている。それが今の大きな問題だ。だいたい1ミリシーベルトというのも追加被ばく線量であり、宇宙や大地、食物など自然界から2・4ミリシーベルトを日本人は浴びていると言われるが、自然界に無いものからは、それ以上に1ミリシーベルトで抑えようということなのだ。

1ミリシーベルトにも根拠があり、人間が100歳まで生きるとすれば累積して100ミリシーベルトまでは大丈夫だろうということから、100を100で割って、長生きする人で年間1ミリシーベルトという基準で決まった数値だ。だから1ミリシーベルトが安全だと、はっきり言える基準ではない。

ICRP（国際放射線防護委員会）では、できる限り被ばくは低くするように勧告している。事故が起きたからといって、基準を20ミリシーベルトにまで上げて、しかも事故当時だけではなく今現在も、福島県民にはその数値を強要している。他の都道府県では1ミリシーベルトだが、福島は20ミリシーベルトなのだ。だから南相馬では『20ミリシーベルト基準撤回訴訟』が起きている。なぜ20ミリシーベルトが許されるかといえば、『原子力緊急事態宣言』があり、それが発令されたままであるからだ。

事実上事故は今も収束していず、いま現在も放射性物質は漏れて汚染水は溢れている。海にも大気にも放射性物質は漏れ出している。緊急事態宣言の範囲は当たり前の数値だが、それを逆手にとって福島は20ミリシーベルトを基準にしているのだ。これは原発で働いている人以上の被ばくを子どもたちに強要する、とんでもない話だ。

県内の子ども38万人に対して174人の子どもが、甲状腺がん及び疑いと発表された（2016年現在）。100万人に1人とされていた病気が、原発事故6年目でこの数だ。一昨年（2014年）から始まった県民健康調査では、スタート時に112人くらいだったが、1年で50人、60人も増えた。昨年（2015年）2月に最初の発表があったが、1ヶ月に4、

5人くらいのペースで増え続けている。一巡目でA判定だったのが二巡目でC判定になって、手術した人が多数いた。今後どう増えていくか判らないが、チェルノブイリの例から見ても、30年は増え続けるだろう。

チェルノブイリでは今もまだ新たな発症が出ていて、当時子どもだった人が結婚して生まれた子どもがまた、体調が悪くなっている。そういう世代にまで影響が出ているのだから、長い目で見ていかないといけないだろう。これまで甲状腺がんの症例があまりにも少なく、データがないことから『チェルノブイリとは違う。だから福島の健康調査の結果は、原発事故由来ではない』などと、御用学者や政府は訳の解らない屁理屈で否定している。

新たな安全神話

県や健康調査委員会は、事故が起きた当時から真逆の政策をしてきているが、ここにきてまた問題が起きている。

『6国清掃活動』といって、イチエフ（福島第一原発の通称。イチエフの「イチ」は第一、「エフ（F）」は福島）から20kmの広野町の国道6号線の清掃活動をするイベントで、中高生たちも参加した。そのイベントは事故前には、ただ道路のゴミ拾いをするイベントだった。事故後は中止されていたのだが、6号線が開通した翌年の2015年にNPO法人Hが主催して、一気に活動が再開された。『みんなでやっぺ！　きれいな6国』の標語のもとに、故郷をきれいにしたいという子どもたちの気持ちを利用して、周辺の道路は高線量のところがあって被ばくの危険性があるのに、そこでゴミ拾いをさせる。

警戒区域内でわざわざ田んぼを作って、収穫したコメは100ベクレル／kg以下だから安全だと言って、汚染されていない田んぼのコメと混ぜて、汚染を薄めているような状況もある。そんなふうに、やってはいけないことをやっている。そんな場所でわざわざコメを作らなくても良いのに、莫大な税金を投入して田んぼを除染して、土を入れ替えたりして汚染地域でコメや野菜を作っている。結局そこからの作物は汚染が検出されるが、それでも100ベクレル／kg以下だから安全だと言い、流通させる。

子どもの清掃活動も同じだが、こうして新たな『安全神話』が作られている。非人道的な許し難いことだが、それを復興と言ってイベントをし、あるいは建物を造り、復興したと言い募る。そして、事故は終わった、もう大丈夫だと喧伝する。

実際には全然大丈夫ではなくて、体の具合が悪い人はどんどん増えている。甲状腺がんは、子どもだけの問題ではない。還暦すぎた大人でもなっている。友人は兵庫県に避難しているが、甲状腺がんの手術をした。彼女に会ったら首にスカーフを巻いていて、「歳とって皺ができて手術跡が目立たなくなるまで、スカーフを巻いている」と言った。甲状腺がんは男性でも発症して、知り合いの男性も手術をした。

こうした状況を原発のせいではないと言い、これまでも、またこれからも、健康被害の出ることはないと安倍晋三は先日の参議院本会議での質疑応答で答えた。傍聴席にいてそれを聞いたとき、思わずサンダルを脱いで投げつけたくなった。それ以上そこにいたら絶対にやらかしてしまうと思ったので午後の傍聴は止めて帰ったが、腹が立ち、ますます頭にきてどうしようもなかった。

共産党の市田（忠義《ただよし》）さんの質問に対して、『原発はコントロールされています。汚染水はイチエフの港湾内で完全にブロックされてコントロール下にあります』などと吐《ぬ》かした。『ふざけるな！』と思ったが、その時に自民党席からもどよめきが起きた。誰が聞いても、自民党の議員たちさえおかしいと思うことを、シレッと言うのを聞いて腸が煮え繰り返る思いだった。

『福島県民に寄り添っています』などと訳のわからないことを言い、『大丈夫です。オリンピックをやります』だから、とんでもない話だ。

避難者いじめ

来年（2017年）3月で自主避難者の住宅支援を打ち切ると、国は言っている。平成30年3月には、警戒区域内の避難者の住宅支援も打ち切ると言う。警戒区域外の自主避難者たちは、夫は仕事があるので残り、ほとんどが母子だけで避難している。区域外だから、彼らは月10万円の精神的慰謝料ももらっていない。ただ住居を無償で提供されるから、なんとか生きていけるのに、それを奪おうとしている。そんな始末の悪いことをしているのが福島県知事だ。他県の知事は災害救助法を延長して住宅を供与しろと言っているのに、被災当事者の福島県がその声を上げず、加害者と組んで加害者に寄り添って被災者いじめをしている。

車のシートベルトに例えれば、以前はシートベルト着用は義務付けられていなくて、本人の意思で、したりしなかったりだったでしょう？　義務付けられてからは、それまではしてなくても〝自己責任〟ということだったのが、していないと罰則が付くようになったでしょう？　シートベルトを着用していれば、もし事故に遭っても助かる確率が高いからと、義務付けた。事故は起きるかどうかわからないけれど、そうやって義務付けた。

避難の問題も同じように考えれば、自主避難した人はシートベルトが義務付けられなくても安全のために着用していた人たちなんですよ。だってもう174人も（2016年現在）甲状腺がん、または疑いと診断されているんだから、安全を求めて避難した人たちなんですよ。シートベルトは着用を義務付ければその業界は儲かって税収になるけれど、自主避難者の住宅支援は支出。だから国は、支援打ち切りにする。やることが逆なんだ。

ＩＯＣ（国際オリンピック委員会）は、オリンピック村では福島産の食材を使わないように言っているくらいなのに、日本ではどんどん食べるように仕向けている。県庁の職員食堂では、使用食材の産地が表示されている。事故後には福島県産は一切なかったのだが最近は少しずつ増やしていて、米は福島産だが県庁食堂で使用しているものは０ベクレル／ｋｇと表示されている。ところが学校給食で使用する米は１００ベクレル／ｋｇ以下で、安全な米だと言う。

県庁食堂で大人たちは０ベクレル／ｋｇの米を食べ、子どもたちには１００ベクレル／ｋｇ以下だから安全だと言う。給食を食べさせずにお弁当を持たせるという選択肢もあるが、それでいじめられた子どもがいる。先週の『子ども脱被ばく裁判』では、泣き泣きそのことを訴えた母親がいた。

これが今の福島の現実だ。被ばくを避けることが悪いことのように思われ、被害にあった人が悪者扱いされる。加害者が堂々とお天道さまの下を歩き、被害者はひっそりと生きている。

悲しい現実だ。

故郷の浪江《なみえ》町津島地区の住民は今、『津島訴訟』を起こしている。彼らは避難して他地区で暮らしているが、自分の故郷の名前を口に出せない。津島からきたとは言えない。そこの子どもと結婚するなとか、放射能はうつるとか言われるから、自分たちの犠牲を隠して新たな場所に住居を求めて生活している。

知人は10人家族だが、避難当時は10人が6ヶ所にバラバラに分かれて暮らした。二人の高校生はそれぞれ学校の近くに下宿し、じじ・ばばは別の所、夫は単身赴任、知人と下の娘はアパートを借り、もう一人の子どもはまた別のところと、みんなバラバラになった。今、中古の住宅を買ってようやく家族が一緒に暮らせるようになったが、近所には津島から来たとは言えずにいる。何もかも奪われ、それだけではなく故郷を負い目に生きなければならないのだ」


技術者として原発に関わってきた今野さんのこの日の話は、数字をあげての説明も理解しやすく、「安全神話」の嘘も暴いてくれた。また3月11日からの自身の体験、家族との再会の様子や避難行、そして現在住んでいる復興公営住宅入居までも話してくれ、それらの話にもまた私は深く胸を打たれた。

二、飯坂小学校訪問

「トークの会　福島の声を聞こう！」では参加者から1500円の参加費を頂くが、それは全額をゲストスピーカーとして来て下さった方への謝礼としてお渡ししている。だがどなたも、謝礼として個人の懐に入れたりされずに、ご自分が現地でしている活動の資金に充てている。原発裁判の費用に入れたり、現地でのボランティア活動の資金にしたりと色々だが、今野さんはそのお金で避難先の飯坂の小学校に、子どもたちが使う学用品を買って寄付したいと言った。そしてトークの会の謝礼金にご自分のお金も若干足して、全校生徒にそれぞれノートと消ゴム、鉛筆を数本ずつ、各クラスに黒板で使うチョークを買った。それは、今野さんからの寄付である筈なのに、子どもたちには私から渡して欲しいと言い、校長先生のご都合も聞いて私が飯坂小学校を訪問する日を段取りした。

私は飯坂へ行くのは、初めてだった。朝の新幹線に乗り、福島駅で出迎えてもらった。今野さんの他に、赤ちゃんを抱き幼い坊やを連れた女性が一緒だった。今野さんのお連れ合いと子どもかと思ったらそうではなくて、「僕の大事な友人のH美さんです」と紹介された。彼女と初対面の挨拶の後で二言三言交わすうちに互いにすぐ打ち解け、飯坂に避難した今野さん家族が、慣れない土地で戸惑わずに過ごしていけるように支えてきたのがH美さん家族だったと知った。今野さんの息子とH美さんの長男が同学年なのだという。

今野さんは「ちょっと家に寄って、軽く昼飯食べてから学校に行きましょう」と言い、今野さんの家に行った。H美さんと私が彼女のお子達を挟んで子育てのことなどを話している間に、今野さんは台所に立った。焼いた餅と漬け物が用意され、この夏3歳になったFくんが「わっ、餅だ！」と歓声を上げげた。生後2ヶ月のEちゃんは、お母さんの腕の中で眠っていた。私は南相馬に通うことが多かったので、そこでは小さな子どもたちに会うことも少なく、こうして幼い人と共に過ごす時があると、「福島のこれから」を大事にしたいと、しみじみ思う。

H美さん母子は家に帰り、私たちは飯坂小学校に向かった。子どもたちも給食時間が終わり午後の授業に入る頃だった。まず校長室に挨拶に行った。名刺を頂いて石川逸子《いつこ》先生に「詩人の石川逸子さんと同じお名前なのですね」と言うと、ふくよかな笑顔で「そうなんですよ。私は詩は書けないのですがね」と答えられた。併設の幼稚園の園長を兼務されていることを聞いて、私はかつて保育士だったことを話し、しばし互に幼児教育についての言葉を交わした。

教頭先生に案内されて、1年生の教室から順次回って各教室で担任の先生や子どもたちと挨拶や言葉を交わしたが、どのクラスに行っても必ず「あ、こんにちは」とか「なんで来たの？」などと、まず今野さんの顔を見て言う子どもたちがいた。今野さんは笑いながら子どもたちに、「学校から帰ったら遊ぶ前にまず宿題をちゃんとやるんだぞ」と言い、そんな様子を驚いて見ていた私だが、先生も不思議に思ったらしく、「知ってるの？」と児童たちに声をかけると、今野さんが「学童で世話をしてるんですよ」と答えた。子どもたちが放課後過ごす学童クラブで、ボランティアで活動しているのだという。クリスマスにはサンタクロースの格好で白い口髭もつけて「山本サンタ」としてプレゼントを渡しているそうだ。何人かの子どもは山本サンタさんの正体を看破っているらしいが、低学年の子どもはまだ気付かないと今野さんは言った。

子どもたちには、こうした大人の存在は、嬉しいことだろう。先生ではなくお父さんでもお母さんでもない人、よそのおじさんやおばさん、あるいはよそのお兄さんお姉さんが身近にいてくれることは、幼少年期の子どもには大きな意味があると思う。浜通りの浪江から中通りの飯坂に避難して、土地に溶け込み馴染み、子どもたちには大好きなおじさんとして親しまれている今野さんは、そのお人柄もあるだろうが、それだけの月日が経ったのだとも思う。以前に誰に聞いたのだったか、「浜通りと中通りは、言葉も人の気質も違うし、食べるものも随分違うからね」と言われたことがあったが、今野さんはそんな壁は易々《やすやす》越えているように見えた。

東日本大震災は、今野さんの息子が幼稚園の年長組になる年の春に起きたが、避難所生活を経てこの飯坂に落ち着いた時、お父さんが積極的に子どもたちの世界に関わってくれたことは、彼が新しい環境に馴染んでいく上で大きな助けになっただろう。

その息子のHくんは、震災後に無事にお父さんと再会できたとき、「パパ足がついてる！」と言ったそうだ。女川《おながわ》原発に出張中だった今野さんと連絡がつかず、家族は生存を諦めていたらしい。

三、3・11、そしてその後

出張先の女川原発にいて作業していたのだが、地震発生は、ちょうど作業を終えて引き上げようとしていた時だった。携帯電話の緊急地震速報が鳴り、揺れがきた。これまで体験した地震とは違う揺れ方に異変を感じて、作業員達に、すぐ逃げ出せるように指示して窓を開けた。この日の作業を終えたら帰る予定だったので、会社の車は事務所の脇に停めてあった。カーラジオでは津波が来ると情報を流していた。外に出て海をみると沖の方から波が押し寄せてくるのが見えた。島を呑み込み灯台を呑み込んで寄せてくる波だった。事務所ではＮＨＫのＢＳで、イチエフが津波を被り電源喪失したことを伝えていた。それを見て原発はメルトダウンしていると思った。

女川原発は東北電力だが、震災後は発電所を避難所にして被災者を受け入れた。本来発電所はテロ対策のために一般人は入れないのだが、ここには非常用電源も、水も備蓄食料品もある。発電所の所長が決断してとった対応だった。

家族には連絡がつかないまま、また女川を脱出できないまま、今野さんは救援活動をしていた。

女川原発だけではなく伊方《いかた》原発も同様だが、半島に立地する原発の避難計画など、絵に描いた餅で脱出など出来ない。今野さんも家族には連絡がとれないまま、また道路は損傷していて通れず、女川から脱出できないまま被災者支援を続けながら時間がすぎた。この救援活動中に、沖合に原子力空母のロナルド・レーガンが停泊しているのを見た。乗組員は海水を濾過して飲んだり、またシャワーにも使うから彼らの内部被ばくは相当なものだろうと思った。

１５日になってようやく仮の道路ができて女川から脱出できた。石巻に着いた時に携帯がつながり、ドイツにいる妻の姉からの着信歴があった。ドイツから届いたその連絡で、家族は妻の叔母が居る茨城県古河《こが》市に避難していることを知った。会社の車で郡山まで行き、そこでみんなと別れてタクシーで那須塩原へ行き新幹線と在来線を乗り継いで古河に向かった。高速道路は使えず新幹線は那須塩原までしか通じていなかった。朝8時に女川を出て、古河に着いたのは夜の8時だった。改札口には義叔父と我が子がいた。作業服で髭茫茫の復員兵のような姿の今野さんを、義叔父はすぐに認めたが、息子は直ぐには判らず、声を聞いて弾かれたように言った。「パパ足がついてる!」。

携帯はつながらず、テレビでは繰り返し津波の映像が流れていたから、家族は最悪の状況も思っていたのだろう。息子のその言葉と、彼を抱き上げ抱きしめた時の感触は、今野さんの耳《じ》朶《だ》に、胸に、腕にしっかりと刻みこまれている。

それから2週間、古河の義叔母宅に居たのだが気を使ってとても居辛かった。義叔母家族には彼らの生活もあるから迷惑をかけているし、ここに居ては浪江の情報も判らない。二本松に浪江の役場が避難したというので毎日、古河から二本松の役場まで通い、親族や友人・知人の安否確認と避難所の空き状況を調べた。5時間かけて4日間通い、入所可能な避難所を調べた。息子と妻、義母の3人はいったん妻の叔母の家に預け、義父と今野さんは二本松、東和の避難所に移った。

その間に浪江の自宅に自分の車を取りに行った。義父は避難所に入ったが、今野さんは夜10時には消灯という避難所ではとても眠れず、自宅から持ち出したアルコールを飲んで車中泊をして過ごした。朝起きると何度もくしゃみが出て、車はスギの花粉で真っ黄色になっていた。花粉症になったかと思っていたが、半年後から鼻血が出るようになり、ただのスギ花粉症ではないと判った。顔を洗う時に月に1、2度洗面台が真っ赤になり、タオルも真っ赤になった。初めは血圧が上がっているのかと思ったが、2度、3度と繰り返すうちに気付いた。その時期のスギ花粉はセシウムをたっぷり吸っているのだから、これは原発事故で放射性物質が放出された原発由来の症状だと気付いたのだ。マンガの『美味しんぼ』で双葉町長（当時）の井《い》戸川克隆《どがわかつたか》さんがバッシングされたが、鼻血の原因は間違いなく原発事故しか考えられない。

体調に変化があったのは、今野さんだけではなかった。息子のHくんは、1ヶ月に2回も風邪を引くようになり、治ったと思うとまた病院通いだった。彼は花粉を吸ってはいなかったが型の違うウイルスに次々にかかって、それが2年ほど続いた。福島市でおばあちゃん先生がやっている個人のクリニックで診てもらい、免疫低下によるものだと言われた。

浪江町の人たちは11日の震災後、津島に避難した。息子も妻、義父母と共に津島に行き、15日までそこにいた。毎日外で遊び、14日には雪が降り、Hくんはその雪を食べもしたが、その後に受けた甲状腺検査では、囊胞《のうほう》もなく、全く問題なく元気に過ごしている。

今野さん家族はその後8月まで避難所となった猪苗代の旅館で過ごして、飯坂温泉のホテル聚楽の社宅が9月に借り上げ住宅となり、2015年9月までそこで過ごした。その隣は息子が通うことになった飯坂小学校だった。そして10月になって、復興公営住宅として建てられた県営住宅に移った。住宅の敷地も、隣接する公園も全て除染してきれいになった場所で、環境も良いところだ。

飯坂小学校では、事故の半年後くらいに、校庭の土をどれだけ掘れば汚染がなくなるのか、実証実験をした。飯坂温泉は福島県の北端に位置し、もともと線量は低い地域だが、5センチ、10センチ、15センチ、30センチ、50センチ、70センチと掘り、70センチでやっと事故前の値になったという。御用学者は「表土を3センチか5センチ剥げば汚染はなくなる。田んぼは反転耕作すれば汚染は下に沈んでなくなる」と言ったが、とんでもない話だと、今野さんは怒る。グランドは砂地なので、雨と共に放射性物質はどんどん染み込んでいくから、早ければ早いほど表面近くにある時に剥げば良いが、時の経過とともに深く染み込み、何十年かして地下水に達すれば、井戸水に汚染が出るだろうという。今はまだ大丈夫でも、これからの未来に、そういうリスクがあるということなのだ。

セシウムもコバルトもヨウ素も、仮に放射線を出さなくても、重金属だから体内に取り込めば重金属中毒を起こす。重金属が生物に濃縮されたら、陸の草木や動物、海の魚介類に溜まる。原発事故前は、春は山菜、秋にはキノコ、冬はイノシシ料理だったが、そんなものは一切食べられなくなった。浪江には鮭の簗場《やなば》があり、請戸川《うけどがわ》の河口から200~300メートルのところが大きな簗場で、いつも川が真っ黒になるほど、鮭が遡上した。毎年9月末から12月くらいまで遡上する。それを捕って原発事故後は汚染状況を調べているが、汚染されていて食べることはできないだろう。子どもの頃から過ごしてきた暮らしは、まず、全て終わりだろうと今野さんは言った。

四、故郷津島の日々

ある時私は、津島訴訟の原告の関場健治さん和代さん夫妻と一緒に、帰還困難区域内の関場さんの自宅へ行った。

津島地区を移動しながら、一軒の家の前を通った時関場さんが、「ここはスミオ君の実家です。スミオ君も裁判で頑張っていますね」と言った。私は「え？　スミオ君って、今野寿美雄さんのことですか」と尋ねると、親戚なのだという。驚いて私はすぐに今野さんに電話をして、ご実家の前にいることを伝えると今野さんも「え？　どうして津島にいるの」と驚いていた。そして次に会った時に今野家の歴史を話してくれた。

先祖は

先祖の祖を辿れば、西の都から流れてきた一族だという。室町時代以降の家系図は残っているのだが、それ以前のものは古の時代に焼失して、口伝で代々伝えられてきた。

それによれば平安時代の最後の頃、仕える人の命を受けて東国に金を探しに出向いた強者《つわもの》たちがいた。その者たちは今の岩手県の辺りで、目出度く金山を探りあて、褒美に「金野」の名を賜った。が、金のつく名は恐れ多いと「今野」を名乗るようになったという。一族は西の故地に戻ろうとしたが多勢でもあり途中落伍者も出たりすることから、復路の途中で戻るのを諦めて津島辺りに落ち着いた。津島は古い時代から人が住み着いていたようで縄文土器も多数出土しているから、自然の恵みが豊かで暮らしやすい地だったのだろう。そんな自然環境を見てこの地に根を下ろした人たちだったのだろう。

それらの者たちの中に6人の武者、赤宇木《あこうぎ》六騎衆と呼ばれる者たちが居た。それが今野家の祖先だという。騎衆と呼ばれるからにはきっと、騎馬で駆け抜けた人たちだったのだろう。

これは亡くなった本家の頭領の親父さんが、寿美雄さんに伝えてくれたことだと言う。幼少時から利発だった寿美雄さんの才を、今野家の頭領も認めていたのだろう。頭領は折に触れては「後の者にしっかり伝えるように」と、寿美雄さんに語り聞かせたという。

一族が一堂に会する機会の多くは、葬儀の席だった。業者を介さずに喪主が主体となって、一族や結《ゆい》の手を借りて弔いを執り行うのが普通のことだった。2晩3晩、時には1週間も続くことがあったから、食事や酒肴の用意をする女たちは大変だったが男たちは飲みながら語り明かした。噂話を語ることもあったろうが、大事なことも話された。そんな折にはいつも、寿美雄さんは「ここへ来い」と頭領に呼ばれて近くに坐り、この話を伝えられたのだという。一族の中には寿美雄さんより年長者もいたが、伝えて行くべき役目はなぜか寿美雄さんに託された。分家の次男ではあるが、「寿美雄なら一族の歴史を語り継ぐだろう」と頭領は考えたに違いない。寿美雄さんより4代前に本家から分家した際に、こうした席で使う朱塗りの膳も本家に50客、分家に50客と分けられたそうだ。

福島県の相双地区には「コンノ」姓が多い。名前を尋ねて「コンノタロウです」などと答えが返ると「イマコン？　それともイトコン？」などと聞き返す。「今野」か「紺野」かと、確認するのだ。そのほかに「キンコン」もあって、これは「近野」と書く。元を辿れば同じ一族の出らしいが、各地に散りながらそれなりの理由を伴って表記文字が違ってきたようだ。

子ども時代

父・洋《ひろし》、母・咲子の次男として1964年3月15日に寿美雄さんは生まれた。浪江町津島赤宇木の生家には両親と2歳上の兄、祖父の淳《ただし》、祖母・キミと曽祖父の6人が住んでいた。曽祖父は寿美雄さんが生まれて間もなく亡くなったので、記憶にはないが賢い人だったと聞いている。家は米・野菜を作る農家だったが、山間地の農業は気候に左右されることが多く、安定した暮らしのために洋さんは酪農を手掛けた。1頭の牛から始めた酪農だったが、少しずつ牛を増やして、寿美雄さんが生まれた頃は2、3頭になっていた時期だった。母も父と一緒に牛の世話、畑の仕事と忙しくしていたから、祖母キミさんが幼い寿美雄さんと兄の面倒を見ていた。祖父の淳さんもまた孫たちを可愛がったが、幼いときから目端《めはし》が利く子だった寿美雄さんには、とりわけ目をかけていたようだ。

淳さんは家の仕事は長男の洋さんに任せて、自身は安全管理者の仕事を持っていて東京など遠隔地への出張も多かった。寿美雄さんが3歳の時のことだ。淳さんは出張仕事で東京に行くときに、寿美雄さんを連れて出た。そして戸越に住む次女に孫の寿美雄さんを預けて仕事先に行った。寿美雄さんには叔母さんにあたる人の家で、叔母さんには可愛がられて、津島の山の中の暮らしとは違う日々を楽しく過ごした。たぶん、すぐ下の弟が生まれる前後のことで、その時は半年ほども戸越で過ごしたのだったろうか。淳さんは所定の仕事を済ませると、津島に帰るときに寿美雄さんを連れ帰った。その後も淳さんは何度か仕事で上京することがあり、そのたびに寿美雄さんを連れて出て、仕事の期間中、寿美雄さんを戸越の次女のところばかりでなく、横浜の次男の家や同じく横浜に住む長女の家に預けた。まだ入学前ではあったが、寿美雄さんは東京や横浜で過ごすうちにそこでの時間の過ごし方にも慣れてきて、10円、20円のお小遣いを手に、街中の散策、探検にもしばしば一人で繰り出したそうだ。戸越銀座の商店で菓子など買うこともあったのではないだろうか。

津島第二小学校に入学した頃には3歳下に弟、6歳下に末弟が増えていて、家族は8人になっていた。小学校は1学年1学級で、級友は20人くらいだった。今野とか三瓶《さんぺい》などと同姓が多かったから、互いに名前で呼び合って、みんな仲が良かった。本家の双児の息子も同じクラスで家もすぐ近くだったから、学校へ行くときも一緒、帰りも一緒、帰ってきてからも一緒で、雨の日には本家の屋敷の30畳もあるような大きな部屋で遊んだそうだ。

寿美雄さんの家には、父の洋さんが買ってくれた『少年少女世界文学全集』があった。洋さんが育ったのはまだ戦後の貧しい時代で、本を買ってもらうことなどなかったから、自分の子どもには同じ思いを味わわせたくなかったのだろう。寿美雄少年は、それらを夢中で読んだ。

冒険記、探検記が好きで「トム・ソーヤの冒険」「ロビン・フッドの冒険」など読んだが、中でも『十五少年漂流記』は、繰り返し読んだ。学校には学級文庫もあったから、休み時間など本を読んでいることも多かった。寿美雄さんの本好きを知って給食のおばさんの岸千代さんは、自分の子どもが読んだ本のお下がりを「寿美雄くん。この本も面白いよ。読んでごらん」と、持って来てくれることがよくあったという。

千代さんは家族と一緒に満蒙開拓団として満洲へ行き、敗戦時に母と姉は集団自決したが、千代さんは別の場所にいたので助かって、帰国後に同じ開拓団の人が入植していた津島の赤木で暮らすようになった人だ。「満洲帰りの千代ちゃん」と呼ばれていたが、戦争中に子ども時代を過ごした千代さんは、給食を作ってくれるだけでなく、子どもたちの日々の様子に細やかに目を配ってくれた。千代さんだけでなく用務員のおばさんの吉田和子さんもまた、子どもたちによく目を掛けてくれる人だった。

少年時代を振り返って、寿美雄さんはしみじみと言った。「岸千代さんと吉田和子さんには、本当に世話になったよ。千代さんは二本松に居るって聞いたけど、会いに行きたいなぁ。俺のこと覚えていてくれてるかなぁ」

またこれは別の人から聞いたことだが、集落の子どもは他家の子もみな我が子と同じで、悪さをすれば叱ったし、褒める時には褒めたと言う。津島という地は、そのように地域全体が家族のような繋がりが深い地域だったのだろう。

学校に上がってからは淳さんのお供で東京に行くことはなくなったが、寿美雄少年は夏休みになると、一人で常磐線に乗って東京の叔母さんの家に行った。浪江駅から上野駅まで、上野から戸越まで淳さんと何度も行き来した路線だが、初めての一人旅の時は、なんだかちょっと冒険旅行のようで、車窓から見える太平洋にも心が弾んだ。

夏休みや春休み、学校の長い休みには、こうして一人で東京の叔母さんの家に行った。叔母さんの家にいる間は、夕方になると毎日近所の銭湯に一人で行ったたし、昼間は東京探検に繰り出すのだった。山手線に乗ってぐるりと一周したり、東京タワーにも行った。新宿の副都心に建ったビルの屋上に上がって地上を見下ろしたこともあった。高層ビルが、まだ珍しかった頃だ。横浜の叔父さんの家にも行き、1晩か2晩泊まって来ることもあった。横浜に住んでいた叔母さんは小田原に引っ越していたから、戸越から、あるいは横浜から小田原に行ったこともあった。

そんなふうにして東京探検をする少年だったが、地元津島でもまた楽しく豊かな時間を過ごしていた。算数の勉強は嫌いだったが、学校の成績はいつも1番だった。でも一番楽しく学んだのは「山の学校」だ。

友達と連れ立って山に入って遊ぶのが「山の学校」だ。春は山菜採り、秋にはキノコ狩りに夢中になった。友達と一緒に出かけても、山に入るとそれぞれが自分のペースで収穫物を目指して行動する。「おーい」と声を掛け合って戻る時に、互いに採ってきた物を見せ合うと、決まって寿美雄少年が一番多く収穫しているのだった。山菜採り名人、茸採り名人で、なんと小学生の分際で自分のシロを持っていたそうだ。シロというのは茸採りの際の自分のテリトリーのことで、菌類は毎年同じ場所に繁殖するからよく出るところを見つけたら、そこは自分のシロと呼んで秘密の宝物のように、決して誰にも場所を教えない。

水が温む季節は川での魚獲りだった。ヤスで突いて獲る。ヤマメ、カジカ、ハヤなどを獲った。獲った魚はエラから口に笹を刺し通せば2、3匹は1本の笹に通せた。山のものも川のものも収穫物は家に持ち帰れば夕飯のおかずになった。だが時には川原で焚火をして冷えた体を温めながら獲った魚を焼いて食べた。切りだしナイフで腹を裂いてワタを出し、口から棒を刺して棒の根元を焚き火の周りの土に刺して遠火で焼くのだ。仕掛けを作ってうなぎを獲ったこともある。水がまだ温まないときには釣竿で鯉を釣る。清流の鯉は小さいが、獲った鯉を持ち帰って庭の池に放して大きくしてから食べるのだ。

津島にはもちろん商店も肉屋もスーパーも在るから食材は店でも買うが、日々の食卓には庭の野菜や山や野で採った山菜や野草、川の魚、冬には猪など自然の恵みが載ることが多く、ほぼ自給自足ができた。

秋、田圃の稲刈りは子どもたちも手伝って一家総出の一大イベントのようだったが、刈り終えた田圃でのイナゴ獲りも子どもたちの役目だった。捕まえたイナゴは、佃煮になって食卓を飾った。子どもたちのおやつもまた、野山にあった。桑の実、木苺、アケビ、柿、栗、この辺りでは「りっさ」と呼んでいるがユスラウメも美味しいおやつだった。

「ヤマメの塩焼き、美味かったなぁ。仕事で行った先で新鮮な刺身も嫌と言うほどたくさん食ったけど、あの旨さには叶わない。焼き立てを頬張るときを思い出すよ」と言い、また脱原発集会の講師として招かれて行った長野で、打ち上げの席で供された山菜料理を食べて、「本物の山菜を食べたのは、事故以来ですよ。美味いなぁ。この味と香り、嬉しいなぁ。子どもの頃からなじんでた本物の山菜の味だ」と言う今野さんだった。

6年生の時に父は三菱ミニカを買った。6歳年長の従兄がモーターバイクに乗っていたし、多くの少年がそうであるように寿美雄少年は車好きになった。この従兄とは、よく一緒に山登りに行った。従兄が運転するバイクの後ろに跨《また》がって行き、バイクを置いて山道を歩き、帰りもまたバイクで家まで戻ったが、従兄は走りながら後ろに乗っている寿美雄さんにいろいろ教えてくれるのだった。

朝、ちょうど学校に行く頃に、搾乳したミルクを集荷する車が来ることがあった。この頃は飼っている牛も十数頭に増えていた。搾乳したミルクは30リットル缶に入って、荷台に並べられている。少年たちは学校への道の途中までミルク缶の上に腹這って、乗って行った。これより後では、ミルクの集荷はタンク車になったから、こんな体験は寿美雄さんより後の人にはないことだろう。

中・高校生時代

小学校を卒業して津島中学校に進学した。中学校では2クラスになった。バレー部に入った。やはり数学は好きにならず、この頃の寿美雄さんの将来の夢はコックさんになることだった。保育園児の頃から、お腹が空けば自分で「チャルメラ」や「出前一丁」などインスタントラーメンを作って食べていたし、小学生の時には料理も作っていた。料理といってもごく簡単な卵焼きや炒め物だったが、作るのは楽しかったし、弟たちに食べさせると「あんにゃ（兄さん）が作るの、美味しい」と言われるのが嬉しかった。

通学には自転車を使った。4キロの道を行きと帰りではコースを変えた。山道だったから、坂の勾配を考えてのことだった。

高校は名門双葉高校だった。家からバス停までバイクで行き、そこからバスで浪江駅まで。浪江から双葉までは電車で通った。バス停まではバイクで行くのだが、バスに乗り遅れたらそのまま浪江駅までバイクで行った。その頃の寿美雄さんは、テストドライバーやパイロットにも憧れていた。

高校2年生になって、11月には京都へ3泊4日の修学旅行が控えていた9月に盲腸炎を起こして、入院し手術を受けた。1ヶ月ほど学校を休みまだ回復は万全ではなかったが、晒《さら》しを巻いてみんなと一緒に修学旅行に行った。そんな時にも、将来の夢を語り合った。

誰もが卒業後の進路を考えている時期だった。家では乳牛を50頭に増やす計画が持ち上がっていて、多額の借金をして牛舎を広げていた。頭数が増えるということは、建物を広げるばかりではない。搾乳機の購入など様々に必要なことがあり費用は嵩み1億円の借金になった。

酪農の規模を大きくするのに合わせて効率的な経営法など学ぶために、兄が北海道の酪農大学で学んでいた。寿美雄さんは卒業後の進路を考えた時に航空大学に行きたい気持ちもあって願書を取り寄せたが、そこは学費がとても嵩むことを知った。弟たちもまだこれから中学を卒業する年齢だったから、航空大学など夢のまた夢とあっさり諦め、卒業後は働くつもりだった。

修学旅行から戻って、2週間ほど経っていた12月6日の朝だった。いつものようにバイクでバス停に行くと、バスはもう出た後だった。これもまたそうした朝のいつものように、そのままバイクで浪江駅に向かった。

気がつくと病院の集中治療室のベッドの上だった。

大型トラックと正面からぶつかって30メートルも飛ばされ、救急車で運び込まれたのだった。よく命が助かったという事故だった。幸い頭は打たず、全身打撲で両脚骨折、しかも右脚は粉砕骨折だった。骨が三つ以上に細かく折れてしまっていた。左脚は骨を整復してギプスで固定、右脚は切開して細かく折れた骨を金属で繋げて固定する。一度にできないので何度かの手術になった。そうやって固定された骨がしっかりりつくと、今度はリハビリにかかる。入院生活は1年10ヶ月にも及んだ。

入院中は毎日のように学友たちが見舞いに来た。「浪江のジョニーが事故に遭って入院した」と、噂が校内を駆け巡っていたのだ。小学生時代も中学時代もあだ名はなかったが、高校に入ってしばらく経ったころからあだ名がついて、校友たちの間で「浪江のジョニー」と呼ばれていた。グループ・サウンズ横浜銀蝿のジョニーに似ていると誰かが言い出してついたあだ名だった。

入院中に学友たちは3年生になっていた。一時は留年を考えたが、1年経ってもまだ退院が難しいと判ったときには、学業を続けずに働こうと決心していた。

家の借金や弟たちの進学のことを考えると、親たちにこれ以上苦労させたくなかった。少しでも両親に恩返しをしたかった。病室は二人部屋だったのだが、同室に入院していた人が、彼の会社で働かないかと声をかけてくれたことが、高校を中退して働くという決意の背中を押した。二人部屋の相棒は、電気設備や発電所の自動制御機器の工事を請け負う石井工業の社長だった。

五、そして原子力技術者に

退院して石井工業の社員になったのは18歳の時だった。会社の寮に入居した。先輩社員に図面の見方から徹底的に教えられた。配管や電気配線等の非常に細かく入り組んだ図面ばかりだったから、1・5だった視力は半年の間に0・7に落ちてしまった。図面の見方を習いながら先輩と現場を回り、実際に機器を前にして技術を教えられ仕事を覚えていった。まだコンピユーターの無かった時代だったので関数計算機を使って計算したが、数学が嫌いだったから微分・積分をしっかり学ばなかったので苦労した。だが、苦労したからこそ身についたとも言えるだろう。

初めて入った現場は東電の福島第二発電所だった。1号機は既に稼働して、2号機が準備段階に入っている時だった。石井工業での現場は主に福島第一、第二だったが、原発での作業に携わりながらまず思ったのは、危ない施設だなということだった。ミサイルを撃ち込まれたら、それで終わりだと思ったからだ。

石井工業は、優秀な技術者を多く抱えていて優良企業とされていたのだが、入社して2年目に倒産してしまった。親戚には東電関係の企業に勤める人が何人か居たが、その一人でT社に勤めていた人が口を利いてくれ、石井工業のライバルだった会社に移った。業務内容は変わらない筈なのだが何故か反りが合わず、そこは長く続かなかった。次に副所長待遇で入った会社では、勤めているうちに所長と合わなくなった。同僚たちとそこを出て会社を興し、所長、取締役となった。30歳の時のことだ。

その間に今野さんは計装士、電気工事士の資格を取っていた。石井工業の社員になってこの仕事に就いてから、資格取得までには4年の月日が流れていた。計装士は一般社団法人が認定する資格だが、電気工事士は国家資格だ。いずれも資格を取るには検定試験を受けるのだが、電気工事士は合格率12％という狭き門だ。最初に勤めた石井工業で、何も解らずに一から苦労して学んで得た資格だ。これらの資格は5年ごとに更新講習を受ける必要があるが、今も更新講習は必ず受けている。

計装士の仕事は自動計測機及び制御装置の取り付けや配管、配線工事、またその監督だった。石井工業にいたときの現場が福島第一、第二だったように、会社によって契約している事業主がそれぞれ別にある。原発だけではなく火力発電所に行くこともあり、広野《ひろの》火力発電所、勿来《なこそ》火力発電所で働いたこともあった。

それまでの三つの会社で働いていた経験から、作業に入った現場は最初の福島第一・第二の他にも増えていた。

契約している事業主の発電所での定期検査のほかに、突発的な仕事が入ることもままあった。小さなトラブルが生じたときや、それよりもっと深刻な事態が起きた時などだ。そんな時には事業主から会社に緊急連絡が入るのだが、その際に今野さんを指名して要請されることが多かったという。技術者としての腕を買われていたことと、現場をよく知っていることからだった。下請けの作業員を使う時に、監督者がその現場に慣れていないと大変だ。多くの場合は二、三人の作業員と共に現場に行くが、時には50人にも膨れ上がる場合もあるからだ。

経営者になってからは自分で営業に赴き、新たに開拓した事業所もあり、女川原発もその一つだった。メカニカルなことが好きだったから、机の前に座ってばかりはいられない。デスクに座ってはおらず、自らも現場に出ていく経営者だった。六ヶ所村の現場に行ったのは31歳の時、5月の連休の最後の日に六ヶ所村に行き、連休明けから5月いっぱいはその現場にいた。そこでの仕事を終えると、6月1日からは東電鹿島火力発電所へ赴いた。その時は近くの旅館に部屋を借りて、そこから通った。川崎・千葉・京葉・京浜など東京での仕事は2年ほど続いたから、その時には東京に部屋を借りて住んだ。こんな風に出かける現場は、東電福島第一・第二、原電東海第一・第二、動燃東海・大洗、原研東海、東北電女川、JAEA（日本原子力研究開発機構）もんじゅ、原燃六ヶ所の他、各地に及んだ。原子力技術者の計装士は、時計ドライバーのような小さなドライバーなど仕事に必要な一切の道具を抱えて各地に出向く。これは、いわば「さすらいのガンマン」のようであるかもしれない。

どの現場も短くても数日、長ければ数週間になるが、その間に休みの日もある。そんな時には近くの観光地や温泉に行きリフレッシュを図ったが、観光地と言っても土産物屋が並ぶような場所は好まず、山でキャンプするなど子どもの頃の「山の学校」を思い起こすような過ごし方だった。六ヶ所村の時には休みを使って八甲田山に行った。鉄道好きな「鉄ちゃん」でもあったから、まだ乗ったことのない路線に乗るためだけに休暇を費やすこともあった。

「さすらいのガンマン」ならぬ原子力技術者の生活は、一般企業でデスクワークや工場での生産活動に携わる勤め人とは、だいぶ事情が異なる。例えば転勤族のサラリーマンであっても、勤務地がこんなに頻繁に、期間もさまざまに変わることなどはないだろう。また消防士や警察官のように緊急出動がある職種でも、基本的には出動する範囲は決まっているだろう。

今野さんは若い日の結婚に、苦い思い出を抱えている。

石井工業の社員だった頃、昼ごはんを食べに、時には夕食も食べに通った喫茶店があった。そこで働く女性とわりない仲になった。今野さんは20歳、相手は19歳。共に暮らし、子を授かった。男の子だった。年若くして父と母となった二人は喜びと共に戸惑いを感じながら、泣けば抱き上げてあやし、また寝顔を見やって柔らかな髪を撫でたりするのだった。若い両親は息子にSと名をつけた。実家の両親も初孫Sくんの誕生を、とても喜んでくれた。今野さんは次男だが、長男はまだ結婚しておらず、この子が初めての孫だったのだ。

現場通いの日々は忙しく過ぎていた。帰宅して吾子を抱く時も稀にはあったが、帰宅の遅い日が多く、帰宅できずに現地に泊まり込んでの日々も重なっていた。数日にわたる泊まり込みでの作業を終えて帰宅したあの日、玄関のドアを開けて入った部屋には、息子も妻も居なかった。二人の姿がないばかりか、妻の服も息子のおもちゃもなかった。

今野さんには、忙しくても少しずつ仕事を任されることも出てきて充実した日々だったろうが、連絡もなくいつ帰るのかも判らない夫を幼子と二人で待つ妻には、耐えられない日々だったのだろう。携帯電話もない頃で、作業に入った出向先からまたすぐに別の出向先に行くこともあったし、定期点検で入る現場は家族も承知しているだろうが、臨時に入る現場の時は、口外できない場合もあった。連絡ができないにはそのように事情もあったのだが、若い二人は互いにまだ人生に不器用だったかもしれない。息子は3歳になっていた。

孫の成長を楽しみにしていた実家の両親が嘆いた。今野さんが息子を引き取り、実家に預けた。今野さん兄弟4人の男の子を産んだ母は、仕事が忙しかったから子育てはほとんど姑に頼って過ぎた。長男が夫を助けて働き手になった今は、孫の世話をするのが楽しく生き甲斐にもなった。今野さんが祖父の淳さんに可愛がられたように、父の洋さんは、目の中に入れても痛くないというようにSくんをかわいがった。朝、新聞を読む時には孫を胡座《あぐら》の膝に乗せて読んだ。

Sくんは、賢い子に育っていった。小学校に入る前から漢字が読めたし、足し算引き算もできた。津島小学校に入学すると、先生は彼を窓際の一番前の席に座らせた。というのも彼は教えなくても授業内容を理解するような子どもだったし、それよりも彼が窓の外の何に興味を惹かれるのか、教師としてはそのことに注意を向けていたいからだった。友達と遊ぶよりも自分の興味があることに熱中し、考えにふけるような子どもだった。今野さんはアパートから職場に通っていたが休みの日には実家に帰り、Sくんと父子の時間を過ごしたが、とにかく世話のかからない息子だった。
この頃の今野さんはアパートに居て自分が朝食を食べる時には、お弁当を毎朝作っていた。これは末の弟に持たせるものだった。高校生の弟は下宿先の伯父の家を出て浪江駅に行く途中で今野さんのアパートに寄って、お弁当を受け取って通学するのだった。コックになる夢を持ったこともある今野さんだから弟のための弁当作りも苦にもならず、却って楽しみでもあった。

月日が経って、起こした会社の経営者として、また原子力技術者として相変わらず忙しい日々を過ごしていた。遠地に赴任中だったので、他社の事務職員にアパートの鍵を預けていた。何かあって家に入らなければいけない事が生じた時、出張中の自分が鍵を持っていては応じられないと思ったからだ。ある日、その事務職員から、会わせたい人が居るから近い内に福島に帰って来てと言われて家に帰ると、中には見知らぬ女性が居て「お帰りなさい」と挨拶をされた。彼女はN子と名乗った。どうやら鍵を預けていた人が仕組んだ見合いだったのだが、やがてN子さんと再婚をした。それは息子Sくんが高校に入学する頃のことだった。津島から大熊への通学は難しいので、息子も自分たちのアパートで一緒に暮らすようにしたのだが、N子さんも息子も、それでは心穏やかには居られなかった。それで息子は、高校に近い大熊に下宿させた。

今野さんとN子さんがアパート暮らしをやめて自宅を持ったのは、2002年だった。終の住処になるだろうと思い、良い場所はないかとずいぶん探した。小高い場所で、下には溜池と小さな林がある格好の土地が見つかった。そこは浪江町川添中上ノ原《なかうえのはら》、「浪江のビバリーヒルズ」だと思えるロケーションだった。ここに家を建てようと決めて、実家に母を迎えにいってこの土地を見せると、母も良いところだねと言って喜んでくれた。母が死んだのは、そのたった2週間後だった。四十九日を済ませてから建前をした。

設計には嬉しく頭を悩ませた。やがて子どもが生まれたら、その子の勉強部屋にもなるようにと自分用の書斎も設けた。やがてその子が巣立っていき夫婦二人になった老後の暮らしも見据えて設計した。2階の窓を開ければ10キロ先の発電所の排気筒が見えた。そこでの仕事に多く関わってきたフクイチの4本の排気筒だ。庭の角には縁起が良いといわれる柊《ひいらぎ》を植えた。敷地の玄関側は車の出し入れもあるので植え込みにはしなかったが、他の3方はベニカナメモチの生垣にした。

リビングルームには、津島の実家のエグネ（屋敷林）のサワラを切って乾燥させた木材を天板にして脚をつけ、自分で座卓を拵《こしら》えた。大型テレビ、それに大事なものは音響設備だったたから、それらが収まる台も家具店で格好のものを見つけて備えた。寝室にはフランスベッドを入れるなど、長く使う家具調度品は店を回ってよくよく吟味して選んだ。キッチンは妻の意見を入れてガス台や収納棚を設えた。

高台に建つ家からは、窓を開ければ街並みの向こうに太平洋が広がっていた。

今野さんが家を建てた後に相前後して3軒の家が建ち、この4軒は互いに親しく付き合うようになっていった。休みの日には日曜大工の店に行き、材木を買ってきた。そして1階のリビングの掃き出し窓のすぐ外に、ウッドデッキを作った。そんな作業をするときにも、近所の人たちとの会話は弾んでいた。

息子のHくんが生まれたのは、家を建ててから3年後のことだった。リビングの壁に、墨痕《ぼっこん》鮮やかな命名書を飾った。知人の書家に書いてもらった。同じ頃に隣の家には女の子が生まれた。子どもがいると、なお一層近所との付き合いは深まった。夏には花火やビニールプールを出して子どもらを遊ばせながら、大人達はウッドデッキでビールを飲み語らう。バーベキューをすることも、たびたびあった。庭の片隅の物置には、大工道具やスコップなどの他に、バーベキューセットも仕舞ってあった。

仕事は相変わらず忙しかったが、子煩悩なお父さんだった。幼いHくんが、可愛くてたまらない。休みの日には幼い息子を、子どもが喜びそうな場所へ連れて行き一緒に遊んだ。長男の

Sくんには、こんな風に遊んでやれなかったなぁと、苦く思い出す事もあった。

Hくんが幼稚園に入園すると、N子さんが出勤時にHくんを自分の実家に連れて行き、Hくんは祖父母の家から送迎バスで幼稚園に通い、仕事帰りのN子さんが迎えに来るまでじっち（爺）・ばっぱ（婆）の家で遊んで待つのだった。じっちは孫を連れて海を見に行くのが日課のようになっていた。

2011年3月11日、あの日はたまたま幼稚園の終わるのが何時《いっ》もより遅く、それで海へは行かずにHくんとじっちは家で遊んでいた。幼稚園の終わる時刻が遅れたのが幸いだった。

今野さんは2011年1月から女川原発に出張していた。そこからのことは前に述べた。

これは避難先に一応落ち着いたときのことだ。既に独り立ちして東京で働いている長男の無事を確認したくて電話したのだが、何度かけても電話はつながらなかった。後に彼の勤務先や、住んでいた行政の窓口、区役所などで尋ね尋ねて隣町に引っ越して、元気に暮らしていることをようやく突き止めた。それからの今野さんは、東京に出てきたときには長男に会って、一緒に飲んだりもするという。誰か良い人を見つけて結婚してほしいと願っている。

六、生活が激変したあの日から

2011年は避難場所の確保や避難先を決めて移動するなど、明日どうするかを案じながら動くような時を過ごし、親戚や友人、知人達の安否を確認する日々だった。原子力技術者として放射能の危険性を熟知していたから、幼い息子の体調も案じられてならなかった。事故直後は、おそらく多くの被災者たちも強い憤りを抱えながら、自身の生活を支えるのに精一杯の日々だっただろう。被災者たちが抗議の声を上げ行動を起こしていったのは、しばらく経ってからで、集会や裁判提訴などが始まったのは、年が明けてからのことだった。

今野さんも脱原発集会などに一参加者として加わり、発言していく中でその発言が耳目を集め、裁判や運動になくてはならない役目を担うようになっていった。「ひだんれん（原発事故被害者団体連絡会）」の武藤類子《るいこ》さんに声をかけられて「子ども脱被ばく裁判」の原告となった。そして原告代表として先頭に立ち、また「ひだんれん」幹事として行政との交渉の折には前面に立つ。その他「浪江裁判」の原告、「生業《なりわい》裁判」「津島訴訟」「南相馬・避難20ミリシーベルト基準撤回訴訟」など多くの裁判の支援者として、また保養活動のサポーターとしての活動や、各地への講演活動などで忙しい日々を送っている。

自宅解体

自宅のある川添中上ノ原は居住制限区域に指定されていた地域で、この避難指示は2017年3月31日に解除されていた。つまり国は、もう帰ってもいい地域だと言うのだが、除染後も線量は依然として高く、とても人が暮らせる場所ではない。家の外周は0・320マイクロシーベルト、室内は0・8マイクロシーベルトで1階よりも2階の線量が高い。屋根が汚染されているからだ。

道路から家の敷地への入り口では土壌が1平米《へいべい》あたり250万ベクレルあり、庭も表土を5センチ剥がせば、同じく250万ベクレルだ。除染といったって土を5センチ剥がして別のところから運んできた砂利を被せて遮蔽してあるだけなのだ。だから「帰ってもいい」と言われても、決して帰れる場所ではない。今野さんは帰る気は無い。

国は、家屋解体申請締め切りを当初は2017年3月31日と通知していた。建てて9年住んだ家は、しっかり作られていたから、あの大地震にもびくともせずに残っている。放射能さえなければ、いますぐにでも帰ってそこで暮らしたい家だ。壊したくない。残せば何年後かには、戻ってそこでまた暮らせるだろうか。否だ。放射能の影響が低減している頃には、家は劣化して自ずと崩れているだろう。思い入れのある家を、壊すのは忍びない。だが残せば、息子に負の遺産を残す事になる。それに借地だから、土地返却には更地にしなければならない。だがやはり、壊すのは忍びない。

多分、こんなふうに思い悩んだ人は今野さんばかりではないだろう。先祖伝来の築100年経つような家に住んでいた人も、同じように心煩わせただろう。解体申請締め切りは、1年後の2018年3月末までに延長された。期限内に申請すれば、解体費用は国が持つ。期限を過ぎたら自己負担となり、その費用はおよそ800万円ほどになるだろう。今野さんは期限ギリギリの2018年3月末に申請をした。「帰れる」、「帰りたい」などとは決して思わなかったが、気持ちの踏ん切りには、そこまでの時間が必要だった。「期限」に背中を押されて申請したのだった。

私はこれまで何度か今野さんの自宅に連れて行って頂いた。家の中は、地震のあったあの日をそっくり残したままで、リビングには当時幼稚園児だったHくんの遊んでいたおもちゃが床一杯に広がり、壁のカレンダーは2011年3月、床に広げたまま置かれた新聞の日付は20

11年3月10日だった。キッチンの食器棚の引き出しも扉も開いて転がり落ちた食器が壊れて床にあった。地震の後片付けをする時間もなく、慌ただしく避難した様子が窺《うかが》えた。庭の柊の葉は、そのほとんどが柊特有の鋸歯の葉ではなく楕円形の葉だった。

今野さんに聞くと、植えた時はそんなではなかったという。放射能の影響なのかどうか判らないが、鋸歯の歯がギザギザの取れた楕円の葉になっていた。

2018年3月末に家屋解体申請書を提出し、2019年11月に環境省と担当業者らと共に現地立ち合いを済ませた。2020年2月に担当のK社に自宅の鍵を渡した。

それから1週間ほどは、荷物を片付けに毎日通った。現在暮らしている飯坂の復興公営住宅に持ち帰れるものは持って出て、他は利用できるものは使ってくれそうな人に譲り、他のものは解体業者に託し処分してもらうことにした。その最初の日には息子のHくんを一緒に連れて行った。幼稚園の年中組だった時にこの家を後にして以来、初めての、そしてこれっきりで、もう後には無い最後の帰宅だった。Hくんは、中学3年生になっていた。家に入っての彼の第一声は、「汚ったねぇ家だな」だったという。少年にそう言わせてしまった原発事故が、私は心から憎い。息子の言葉を耳にした父親に思いを馳せる。

環境省からその年（2020年）の「7月13日現地立会　解体終了まで約1ヶ月」の通知が来て、現地に行き、「環境省福島事務所」「K社」「D工業」の文字が記されたヘルメット姿の3人と屋外で口頭での確認作業をした。K社が元請けでD工業は第一次下請けだろう。大事なものは全て搬出したので残ったものは処分を、と伝えた。先方からは樹木伐採後に足場掛けなどと工事手順を説明された。今野さんは「屋根とウッドデッキは線量が高いですから、作業する人たちの放射線管理はしっかりやってください。お願いします」と伝えた。元技術者としての、心からの願いだった

いよいよ解体だった。この家で暮らしたのは9年。賠償金をもらっただろうなどという口さがない声が耳に入ることもあるが、そんなものはこの家のローンで消えてしまった。

ここで生まれた息子は15歳になった。住めなくなって空き家で過ぎた時間も9年。思い出が巡る。ウッドデッキにテーブルを置いて、子どもたちはプールで水遊び。大人はビール。前の林の緑を見ながら、池には水鳥も来たし……。9年間ここに住まわせてもらったことには、感謝でいっぱいだ。たった9年だが、思い出は溢れる。

9月10日、解体完了。跡形もなくなった敷地には、「2〜19—L—226　浪〜646」と番号を表記した板が立てられた。

七、「子どもは宝物です」

２０１１年3月１１日に発生した東京電力福島第一発電所の事故は２０２１年の今も放射性物質を出し続け、収束の目処は立っていない。低線量の放射線に長期間、継続的に曝されることにより、生命、身体、健康に対する被害の発生が危惧される。福島で子育てする親たち、そしてまた県内の小中学生たちは、地元市町村を相手に、今通っている学校の環境は危険であり、子どもたちは安全な環境の地で教育を受ける権利があると、「子どもたちに被ばくの心配のない環境で教育を受ける権利が保障されていることの確認」(子ども人権裁判)を求めた。そして事故後、県外に避難した人たちとも力を合わせて、国と福島県に対して「原発事故後、子どもたちに被ばくを避ける措置を怠り、無用な被ばくをさせた責任」(親子裁判)を追及するために、２０１４年8月２９日福島地方裁判所に提訴した。この二つを「子ども脱被ばく裁判」として係争している。

この裁判では子どもたちも、原告になった。Hくんも原告として法廷で傍聴をした。裁判は回を重ね、2020年7月28日の第27回期日で最終弁論を終えた。この裁判では重要な証人たちを、証人尋問に呼ぶことができた。原告側の証人で放射性微粒子による内部被ばくについて東神戸診療所長の郷地《ごうち》秀夫医師、環境に存在する放射性微粒子（ホットパーティクル）について研究者の河野益近《ますちか》氏が原告の主張を裏付ける重要な証言をしてくれた。事故後に安全を吹聴し、「笑っていれば放射能はきません」などとほざいた御用学者の山下俊一氏を証言台に引っ張り出せたことは、とても大きい。しばしば氏の名は「ダマシタ俊一」と揶揄《やゆ》される。彼の無責任な発言が、大きな被害を生んだと言えるからだ。国は被爆二世でチェルノブイリに何度も行った医学博士という彼の肩書きを原子力行政に利用し、原発事故後、即座に「福島県放射線健康リスク管理アドバイザー」に任命した。事故後、彼は県内各地で講演し「安全」論を振り撒いた。それを聞いて避難先から戻った人たちも多い。

この日、原告代表として今野さんは最終意見陳述をした。

「原告を代表して、最終の意見を述べさせていただきます。

6年の長きに亘り審議が続いてきましたが、この裁判を通して不溶性の放射性微粒子の存在及びこの物質による内部被ばくの危険性が解ってきました。これは、当裁判や他の訴訟に於いても原告側の主張を裏付ける確固たる証拠であり、非常に重要なポイントだと思います。また、事故時から現在に至るまでの行政の間違った対応や『ニコニコ安全論』等により、無用な被ばくを受けることになりました。更に、福島県民だけが年間20ミリシーベルトの被ばくを受忍させられています。到底許されるものではありません。

9年以上が過ぎた今でも、多くの親達が子ども達の健康に不安を抱いています。子どもを心配することは親として当然の行為です。9年以上が過ぎたからと言って、原発事故は終わったわけではありません。今尚、大量の汚染水を産み出し、放射性物質を大気へ海へと放出を続けています。原発事故は、今も続いていることを忘れてはいけません。原子力緊急事態宣言発令中です。

県民健康調査委員会では、今年（2020年）3月末の集計で公表された小児甲状腺がんの患者の数が、確定者及び疑いのある者を合わせて240名になっています。また、この数に含まれない患者の存在も当裁判を通して明らかになりました。患者本人及び親、家族達の痛切な思いが察せられます。甲状腺検査でB判定と診断された子ども達が多数います。子どもを被ばくから護れなかった親達の無念の声があがっています。

子ども達は、子ども達で子ども達を護ることはできません。子ども達を護ることができるのは、私達大人達しかいないのです。子ども達を護ることは、私達大人達の責任です。それは、私達に課せられた義務です。

被告及び被告代理人の方々に申し上げます。皆さまにも子どもや孫達がいると思います。私達人間はそんなに賢くないと思うので、また同じような間違いを起こすと思います。ですから、皆さまは今回の事故について、国や行政の過ちを小さく見せようとするのでなく、将来を見据えた反省を、私達原告とともに被告の立場を超えて、親として大人として子ども達を護っていくために、どうしたら良いかを考えて行動していかなければなりません。それが、大人達の責任であり義務であると思っています。

子どもは未来からの贈り物です。かけがえのない宝物です。子どもの健やかなる成長が親の願いです。子ども達には、安全で安心な環境で教育を受ける権利があります。行政はこの権利を護らなければなりません。

私達原告は、子ども達を護りたい一心で立ち上がりました。当法廷に出席できない親子の声を預かり、原告を代表しまして最後の意見陳述をさせていただき、ありがとうございました。裁判官の皆さまにおかれましては、原告の思いを受け止めていただき、子ども達に安全安心な環境と未来を提供できるような判決を出していただくことを切にお願いいたします。ご清聴、ありがとうございました」

陳述を終えて今野さんは、一礼をして証言台から降りた。法廷内に、静かな波が広がった。

判決は2021年3月1日、奇しくもビキニデーの日に下される。

八、追記

２０２０年６月までの時点で、２５２人が甲状腺がんの疑いがあると診断され、事故当時０歳と２歳だった女児２名も甲状腺がんと診断された。２０３人が手術を受けた。内１名は手術の結果良性であることが判明し、２０２人は甲状腺がんだった。ところが今、「県民健康調査」検討委員会ではこの検査を無くすべく動こうとしているようだ。学校現場が疲弊しているとか、検査は任意であるにもかかわらず、検査の強制性を理由に挙げている。小児甲状腺がんの多発を原発事故由来ではないとし、もうこれで終ったことにしたい姿勢があからさまだ。

V

乗っ取られた故郷・我が家

関場健治さん・和代さん

一、自宅は帰還困難区域

関場健治《せきばけんじ》さんと和代さんの自宅は、帰還困難区域の浪江町津島赤宇木だ。

2016年7月、自宅へ連れて行っていただいた。浪江町のローソンで待ち合わせ、健治さんの運転する車で津島へ向かった。途中のスクリーニング場で健治さんは係りに立入者名簿を出し、私は身分証明書を提示した。係りはそれらを確かめると人数分のビニール袋を寄越した。袋に入っているのは白い不織布の上着とズボン、ビニールのシャワーキャップ、青いビニールの靴カバーと不織布のオーバーシューズ、木綿の白手袋、不織布のマスク、首からかける積算線量計だ。こんなもので放射能が防げるのかどうか疑問だが、それよりも住民が自宅へ帰るのに事前申請が必要であることや、積算線量計を身に付けねばならないことが、とんでもなく不条理に思える。

スクリーニング場を出て国道114号線に入ると行き交う車もなく、山道になる。長いトンネルを抜けると左手にダム湖が見え、またすぐにトンネルに入った。トンネルを出ると路肩のガードレールに猿が1匹、まるで侵入して来た不審者を射すくめるような目つきで、こちらを見ていた。健治さんが「ここの採石場から採った石を使って建築したマンションから、高い放射線量が出たことがニュースになりました」と言って指差した方を見ると、切り出された石が、そのまま積まれていた。私もそのニュースは読んでいた。二本松の新築マンションを購入しようと見に行った人が、持っていた線量計で測ったら高濃度の放射線が検出されたという。もしその人が線量計を持っていなかったら、それは明るみに出ないままだったかもしれない。

昼曽根《ひるそね》のトンネルを抜けて暫く行くと「熊の森山入口」と書いた立て札があり、川を渡る小さな橋がかかっていた。請戸川上流に掛かるその橋はコンクリート製だが欄干が無く、橋の向こうの鬱蒼《うっそう》と茂る草藪が橋にも覆い被さっていた。関場さんの家は、橋の向こうだった。橋を渡ると和代さんは、運転する健治さんに何度も、「側溝に気をつけて」と声をかけていた。私には一面の草藪にしか見えないが、車が行くのは両脇に側溝が刻まれている道で、もしもここで側溝に嵌《はま》ってしまったら大変だ。だが健治さんには通い慣れた道で、その道幅を体がしっかり覚えているのだろう、前を見たまま車を進めた。

橋を渡って家の前に着くまでは、そこに人家があるなどとは全く判らないくらいに、辺りには草木が茫茫に茂っていた。車は家の前に着いたがドアの外は丈高い草が塞いでいて、どうやって車から降りればよいかと思っていると、先に降りた健治さんが草刈り機で車の周囲の草を手早く刈った。納屋の屋根の下で防護服、靴カバー、マスク、キャップ、手袋をつけて積算線量計を首からかけた。

「どうぞ、靴のまま入ってください」と促されて母屋に入ったが、文字通り足の踏み場もなかった。「メチャクチャ」は、こんな状態を言うのだろう。酷い惨状だった。

積んであった布団は崩されて部屋中に広がり、蓋を開けた広口瓶がそこにもここにも転がっていた。障子紙は縦にボロボロに引き裂かれ、桟だけになっていた。以前は棚の上にあった物が、みんな畳やテーブルに転がり落ちていた。

全て野獣の仕業だった。ネズミ、サル、イノシシ、タヌキ、アライグマ、ハクビシン、カモシカも。サルは広口瓶の蓋を開けて砂糖漬けの梅を食べ、塩漬けは食べずに散らかしてあった。奥の部屋の箪笥の塗りが白く剥げているのは、イノシシが背を擦り付けて掻いた痕だろう。

あの日、大勢が避難して来たので押し入れから布団を何組も出したのだった。

すぐにまた使うからと押し入れにしまわずに部屋の隅に積んでおいた布団は、獣たちが滑り台にして遊んだみたいに崩れて、動物の糞尿が染みていた。お姑さんがとても綺麗好きな人だったから、気をつけてこまめに掃除していつも綺麗にしていたと和代さんは言う。そして、「こんなになっちゃって……。来るたびに酷くなってる」と言った。部屋には蓋の閉じたピアノがあり、前に来たときには開いていたこともあったそうだ。「動物たちが音楽会でもやったかな」と笑いに紛らわせて和代さんは言ったが、その心の中を思うと私は笑えなかった。

見るも無残なその部屋の東の窓の外は請戸川の支流で、関場さんの家は支流が本流に流れ込む角に在り、二方が川という所に位置していた。モリアオガエルが棲み、支流に枝先が掛かる木に産卵していた。夏には無数の蛍が飛び交い、頭上には天の川、また数多の星が輝いていたという。

釣り好きの健治さんはヤマメ釣りを楽しみ、和代さんも健治さんも春には山菜、秋には茸採りと、豊かな自然の中での安寧な毎日だった。周辺は松茸の産地で、健治さんは舞茸や椎茸の栽培もしていた。「お金はなかったけれど、心は豊かでした」という和代さんの声に、野鳥の鳴き声がかぶさって聞こえた。

庭には小さな池もあり、釣って来たヤマメをその日のうちに食べられなければ池に放していたから、急な来客があっても生簀《いけす》同様の池のヤマメを唐揚げにすれば、もてなし料理にできたという。その池も草に埋もれてしまって「そこに池が」と指差されても判らなかった。風呂は離れに作った薪風呂で、窓を開ければ露天風呂気分だったという。

「ここの暮らしは、本当に心豊かだった。避難先の今は、老人ホームにいるみたい」と呟く和代さんは、まだ58歳だった。「定年後には、やりたいことがいっぱいあった」と言う健治さんは61歳になったところだ。健治さんにとって避難先での今の暮らしは「失われた定年後」の日々だろう。

関場さんの家で40分ほど過ごして、また橋を渡り国道に出た。帰り道で、誰かの家の敷地に咲く花を見て、和代さんがポツリと言った。「人も居ないのに、花は咲いてる」。造園会社に勤め、花が好きで飯舘村で買ってきた苗や種から花を育ててきた和代さんだった。

二、あの日からの逃避行

3月11日

和代さんは娘と一緒に買い物に出ていた田村市で地震に遭い、余震の合間を縫って自宅に戻った。家の中は飾ってあった額縁が2枚落ちただけで、他に被害は無かった。健治さんは仕事（長距離トラックの運送業）で福井に行った帰りの新潟で地震に遭い、原発から3キロ地点の大熊町にある会社からの電話で、会社には戻れないと伝えられた。磐越道《ばんえつ》は一般車は通行止めで、緊急車両しか通れなくなっていた。11日夕刻のその時点で、新潟と福島の県境には線量計を積んだ車が配備されていたのを健治さんは見た。

3月12日～30日

健治さんは郡山から裏道を通って浪江・津島の「活性化センター」(地域振興を目的に全国各地にあるセンター)まで帰り、駐車場に止めたトラック内で仮眠を取り、12日の朝自宅へ戻った。民生委員だったので、近所の高齢者宅を見まわって地震で崩れたものの片付けなどを手伝って昼ごろ自宅に帰った。この日は小高から息子家族が、双葉町から次女家族が、町内から長女家族が、他に親戚や友人たちが避難して来ていたので、和代さんは娘たちと炊き出しをした。

既に道路は大渋滞で、次女はいつもなら40分で着く双葉町から6時間、町中からの長女も普段は20分かからないのに4時間もかかって着いた。家には外トイレがあったので、避難してくる人たちがトイレを借りに来て、自宅の前はパーキングのようになったが、その人たちにも炊き出しのおにぎりを配った。

夕方になってお米が足りなくなったので、健治さんは備蓄米を持って裏道を通って葛尾村《かつらお》へ行き精米して戻り、和代さんは炊き出しのカレーを作った。

健治さんの友人の息子に東電の職員がいて、原発がおかしくなっているからここに居ない方が良いと言われ、子どもや孫たちを連れ総勢18人で息子の嫁の母親の実家、会津美里へ避難した。このとき和代さんは、白い防護服を着て防毒マスクをして何か測っている人を路上に見た。何を測っているのか聞こうと思いそちらへ向かうと、彼らは逃げるように慌てて立ち去った。

3月14日

息子夫婦は美里に残り、娘たちは東山温泉に避難し、関場夫妻は自宅へ戻った。途中の本宮で食料品を買い込んで戻ったが、その夕方に機動隊が来て「直ぐにここを出るように。20キロ圏内は直ちに避難」と言うので、買って来たものは全て置いて、娘たちのいる東山温泉へ行った。機動隊はこのとき関場さんたちに線量は伝えず、ただ「危険だから」としか伝えなかった。自宅を出て東山温泉に向かう時に、公民館や集会所に居る大勢の避難者に「ここは危険だから避難するように」伝えながら行った。だがこの時点ではまだ、どこからも避難指示は出ていなかったから、関場さんたちの警告を受けても避難せずに留まった人が多くいただろう。

3月15日〜20日

15日に浪江町が、二本松市（東和町）へ避難した。

関場さんと娘たちは14日から東山温泉に避難していたが、そこは大熊町の避難者を受け入れることになり、他地区の避難者への対応が冷たくなって来た。そして6日目には「素泊まり一泊5000円。布団の貸し出しせず」と提示されたので、翌日東山温泉を出た。

3月21日〜30日

結局また自宅へ戻ったが息子が迎えに来て、また会津美里の息子の嫁の母親の実家に行き、9日間世話になった。関場夫妻と長女家族、次女家族の9人がそこに世話になっている訳にはいかないので、その間に娘たち家族共々落ち着ける場所を探した。

3月31日～2012年7月

会津若松の雇用促進住宅に入居。そこはもう使用せずに取り壊す予定だった建物なのでとても汚れていたが、長女家族、次女家族も別棟に入居できた。ここでは少しでも出費を抑えようと、食事は関場夫妻の部屋で一緒に済ませた。

2011年4月2日～9日

自宅に置いてきた猫が心配で、和代さんは健治さんに送ってもらって自宅へ戻り、一人で自宅で9日まで過ごした。外には出ずに家の中にいて、窓に目張りをしたり濡れタオルで口元を覆って過ごしていた。食事は備蓄米を炊き、おかずは自宅へ戻る途中で買って来た缶詰やラーメンなどで済ませた。危険と言われて避難したものの、どのくらい危険かなど示されず、テレビなどで報じていた「窓の目張りや、マスクで口元を覆うなどをして屋内退避」、の情報を守って過ごした。

4月10日

和代さんは2匹のきょうだい猫を連れて、自宅から会津若松の家族の元へ戻ったが、途中の検問所でも警官は線量については何も言わなかった。

4月17日

もう1匹自宅に残してきた猫を救出しに、健治さんと和代さんは津島の自宅へ戻った。和代さんが自宅に通じる橋の上で「たそがれていた（和代さんは私に話してくれる時に、そう表現した）」時に入って来た車があった。「なんですか？」と和代さんがぶっきらぼうに問うと、「そちらこそどうしたんですか？」と答えが返り、「ここの家の者です」と言うと相手は驚いて、「ここがどれ位の線量か判りますか？」と聞かれた。判らないと答えると、測ってみましょうと言って測ってくれ、「これは大変だ。500ミリシーベルトもあります。ここに居てはいけません」と伝えられ、その時初めて汚染が判って、和代さんは総毛立ったという。

豊田直巳さん、野田雅也さんが撮ったドキュメンタリー映画『遺言　原発さえなければ』の冒頭シーンが、この時のことを伝えている。

自宅から会津に向かう途中のスクリーニング場で和代さんの靴底に計器を当てた係官は、「いったいどこを歩いて来たんですか？　相当の線量だ。高すぎる」と言い、そこに居た同僚に「靴はないか？　男性用でもなんでもいい、履き替える靴を用意して」と声をかけ、和代さんは靴を履き替えて会津若松に戻った。戻る前に途中で風呂に入り着替えて帰ったが、娘たちに話すと少し嫌がられたという。

関場夫妻は会津の雇用促進住宅で、２０１２年７月まで１年４ヶ月を過ごした。

２０１２年７月〜２０１４年

その後関場夫妻は、健治さんの退職金で購入した奥会津の柳津《やないづ》町の中古住宅に移った。その間に息子家族は、息子が勤めていた化学工場が茨城県高萩市にも工場を作ったので、高萩に移住した。長女の夫は日立関連の会社勤務だったので、家族で日立市に移った。次女の夫は原発関係の仕事だったが別の仕事に就き、家族で茨城県に移った。

子どもたちは３人とも茨城県に住むようになり、子どもたちから「会津の冬は雪が深くて、会いにいくにも命がけで行かなければならない。それより父さんたちも近くに住んで家族お互いに助け合って暮らさないか」と言われ、柳津で2年3ヶ月過ごした後に、茨城県日立市に引っ越した。

避難中には悔しい思いもたくさん味わった。

奥会津に居た時には地元の人から、「1人10万円もらっているでしょう？　2人で20万円もらったら安泰ですね」と言われたと言う。また息子は、高萩で最初に勤めていた会社では、東電からの賠償金を受けていることを理由に、被災前には受け取っていた会社独自の手当てを支給しないと言われ、そこを辞めて別の会社に勤めるようにした。こんなことがあるから、原発被災地からの避難者は、胸を張って故郷を語れない。

赤宇木では、震災後に亡くなった人が30人もいる。避難のストレスからかどうかは判らないが、元の家にいればもう少し長生きできたのではないかと健治さんは思っている。やることが何もないので散歩をしたりしているが、肩を落として歩く姿を見れば、避難者であることは一目瞭然で、「あの人たちは、お金もらっているから何もしないで歩いていられる」などの声も聞こえた。

2014年10月〜

私が健治さん、和代さんに初めて会ったのは2014年で、大熊町から避難して長野県の白馬村に住む木村紀夫さんの「深山《みやま》の雪」でだった。木村さんは元ペンションだった中古住宅を買い、住居兼体験型宿泊施設にしていた。その日はそこでロケットストーブ作りワークショップが開かれた。私は木村さんとは旧知だったが、参加者は初対面の人が多かった。初対面なのに見覚えのある女性がいて、声を掛けたのだった。「失礼ですが、映画『遺言』に出ていらした方ですか?」「そうです」と答えが返って、それが和代さんとの出会いだった。ワークショップには健治さんも参加していた。二人は、津波で行方不明の家族を捜す木村さんのことを知って、何か力になりたい、せめて心寄せていたいと思っての参加で、木村さんに会うのはそれが初めてだと言った。関場夫妻にはそれからも「深山の雪」や南相馬でのイベントの会場で何度か会い、赤宇木の自宅へも連れて行って頂いたのだった。

それまでイベントなどにはいつも夫婦で参加していたのに、自宅訪問後のある時期から健治さん一人での参加になっていた。「和代さんは?」と聞くと、「猫が死んでペットロス症候群みたいで」と健治さんは言った。その後も「津島訴訟」の裁判の日に、健治さんとは何度か顔を合わせていた。和代さんに会いたかった。以前に自宅を案内して頂いた時、ドライフラワーにするために窓辺に下げてあった花束や棚の上に置かれた野鳥の巣などを目にして和代さんの趣味の世界を知り、同好の士を得たように感じていた。和代さんと、そんな話をしたかった。

三、新たな土地で

白馬の木村さんのところで関場夫妻に初めて会ったのは、二人が日立市に引っ越して間もない頃だったが、日立の新居を訪ねたのはその4年後の2018年の秋だ。

そこは小高い丘陵地一帯を新興住宅地として宅地造成して開発された地域で、関場さんの家は丘の上方の一角に在り、道路の片側は芝生に木々が植えられた公園で、秋の陽が明るく射していた。けれども、渓流のせせらぎ、居ながらにしてモリアオガエルや蛍を目にする津島の自然とは大きく違って、人の手で造られた人工的な自然環境だった。

小犬の声に迎えられて、関場さんのお宅にお邪魔した。久しぶりに会う和代さんも、すっかり元気そうな様子だった。「柳津からこっちに引っ越して良かったです。娘たちの所と息子の所と、ちょうど中間辺がここだから集まりやすいの。家族が近くにいるのがいいですね」と和代さんは言った。

飼い猫を亡くしてから、何かにつけて不安感が心を占領するようになり、記憶喪失になったみたいに何も手につかず、買い物に行ってもじゃがいもと玉ねぎばっかり買ったり、以前どんな料理を作っていたかも思い出せず毎日カレーばかり作っていたという。眠れず、食べ物が喉を通らない日が続いて1ヶ月で16kgも体重が減ってしまい、一年前に友人に紹介された心療内科を受診して鬱と診断されたという。そう診断されたら心が軽くなり不安感が消えて、処方された睡眠薬で眠れるようになった。食べ物も喉を通るようになって体重も戻り、今はもう、睡眠薬を飲まなくても眠れるようになったという和代さんだった。

その頃の和代さんに取材したTV番組がある。『命を脅かした心の傷』で、精神科の蟻塚《ありつか》亮二先生が和代さんを診察した様子を撮ったものだ。過去の過酷な体験がトラウマになる「フラッシュバック」はよく知られるが、蟻塚先生は、まだ起こっていないこれからへの不安が引き起こす「フラッシュフォワード」があるという。原発事故の場合には、前を向いても絶望しか見えない状況なので、こうした症状が引き起こされるのだという。

和代さんがもう津島には住めないと思ったのは2011年4月17日、そして会津に避難していた日々には「帰らない」と決めていた。それは決して「気持ちを切り替えた」のではなく「気持ちを閉じ込めて」のことだった。帰れるものなら帰りたいと心が望んでも、その心を閉じ込めて過ごしてきた日々だった。和代さんの場合が、まさに「フラッシュフォワード」だと蟻塚先生は言う。

心が望んでも帰ることは無理なこと、だから苦しいのだ。家の近くに墓地もあり、被災前に亡くなった両親の墓石も新しくしたばかりだった。戻らないなら墓地のことも考えなければならない。やがて自分たちもと思う時に、子どもたちが墓参りすることを考えると、墓地も茨城に移さなければならないだろう。東電は墓地の購入代に１４０万円、僧侶を頼む供養代に１０万円出すので墓地移設も考えるようにと言ってきたという。「放射能は減るのに長い時間がかかって減るのを急がないのに、墓の移転を急がなければならない」と憤り嘆く健治さんと和代さんだった。

四、津島原発訴訟

健治さんは、このまま泣き寝入りしたくないと、津島の仲間たちと一緒に「ふるさとを返せ津島原発訴訟」の裁判原告になり、法廷で意見陳述をした。原告たちは、豊かで美しい自然環境の中での暮らしを、原発事故に奪われた。また、そこには歴史があり伝統芸能もあったが、地域社会がバラバラになってその継承もできない。賠償金が目的ではない。ふるさと喪失を訴え「ふるさとを返せ！　国・東電は謝れ！」ということで起こした訴訟だ。

オオルリ、コガラ、ヒガラ、ウグイスなどの野鳥が囀《さえず》り飛び交い、サンショウウオが棲み、ヤマメが泳ぐ。子どもの頃から川で魚を獲り、山では春には山菜、秋にはキノコ、栗やアケビも採って食べてきた。経済的には豊かではなかったが、自然を相手に心豊かで楽しい日々を送ってきた。健治さんは定年後には、そこでキノコを採ったりまた、キノコやワラビ、フキを栽培して生計を立てていくことを楽しみにして、ヒラタケ、舞茸、タモギタケなどキノコの栽培に取り掛かっていたところだった。ふるさとを奪われたばかりではない。思い描き、実現に向けて歩み始めていたこれからの日々をも奪われたのだ。

だが、その裁判でも、裁判期日のたびに悔しい思いをしている。ある日の裁判では被告代理人の東電側の弁護士は、こんなことを言った。

――あなた方は「ふるさと喪失」と言うが、家がちゃんとあるではないか。ダムで村が湖底に沈んで無くなるならふるさと喪失と言えるが、津島の家はそこに残っているではないか。

――こんな言い分があるものか、と思う。「盗人猛々しい」言ではないか。

健治さんは、「家は獣に乗っ取られ、地域は東電に乗っ取られた」と言ったが、「地域は東電に乗っ取られた」の思いは、健治さん一人の思いではあるまい。津島の人たちすべての思いだろう。津島は、古くからこの地に根を下ろしていた人たちと共に、戦後入植した人たちが営々と山野を開拓し田畑を起こし、豊かな自然の中で平穏な暮らしが営まれていた地域だ。

津島は、満蒙開拓で渡満して敗戦後に身一つで帰国した人たちが、生きるために入植し、また開拓していった地でもある。満蒙開拓団関係者は津島の人口の7割にもなるそうで、開拓記念碑も建つ。そうした地域柄か地域の結束力は強く、家族だけではなく地域の人たち全体が、子どもたちを見守っているようなところだった。原発事故によって、そのような地域社会が分断されてしまったのだ。

健治さんの父・武さんも16歳の時に満蒙開拓青少年義勇軍に入隊し、茨城県内原《うちはら》の訓練所を経て満洲へ行き、義勇軍開拓団に入団した。現地召集されソ連参戦後に捕虜となりシベリアに抑留されたが、幸運にも無事に帰還できた。

和代さんの父・志田市治さんは田村市船引町の出だが、志願兵として入隊後に日中戦争に駆り出された。戦後に津島に開拓入植した。

健治さんは「戦争も原発も、国策でしてきたのに、その結果に誰も責任を取ろうとしない」と憤り、それが裁判への原動力になっている。

五、畑仕事を始めた

父の武さんは、赤宇木の旧家である今野家から関場家の婿養子になった。1955年生まれの健治さんには姉と妹がいる。健治さんはチャンバラごっこをしたり、山の中では蔓にぶら下がってターザンごっこなどやんちゃな少年時代を過ごした。祖父母は近くの隠居所に暮らしていて、姉は祖父母の所で一緒に過ごしていたという。父親は出稼ぎに行き、普段は母と健治さん、妹の3人で暮らしていた。母が畑仕事をしていたが体が弱く病気がちだったので経済的には貧しかったが、心は豊かで、毎日楽しく外で遊んでいたという。

小学校には国鉄バスで通ったが、バス代は片道5円で、登校時は10円を握り締めて家を出る。行きはバスに乗り、帰りは学校の前の店でアイスクリームなどを買って食べ、歩いて帰ったという。子ども時代の思い出だ。中学校へは8キロの山道を自転車で通った。

中学を卒業すると福島の日東紡に勤めながら定時制高校に入学し、勤労学生となったが仕事と学業の両立は難しく、程なく会社も学校も辞めた。その頃は父親が関東地方へ出稼ぎに出ていたので、健治さんも父と一緒に5年間ほど出稼ぎの仕事に就いていた。

21歳で出稼ぎをやめて、父親と一緒に津島に戻った。そして父は近くの建設会社に勤め、健治さんは大熊町の運送会社に就職した。運送会社には定年まで勤めるつもりだったが、震災で会社が閉じてしまったので、35年間でやむなく会社を辞めた。それは定年まで4年を残す56歳の時だ。退職してから、避難していても何もすることがなくて辛い日々だった。柳津に居た時には畑があったので畑仕事をするようになり、野菜作りに楽しさを感じるようになっていった。日立に移ってからも近くに畑を25アールほど借りて、子どもや孫に食べさせるのが楽しみで野菜を作っている。家族だけでは食べきれないので、近くの直売場に参加するようになり、また浪江町に帰った人たちは近くに店がないので、毎月第2土・日には浪江の役場前で野菜販売をしている。今はそれが生きがいで、それで少し心が前向きになれている。

日立の家に住んで4年（取材時の2018年現在）になるが、いまだに自分の家という思いは無くて、浮き草暮らしの感じでいる。津島の家は父が建てた家で自分で建てたのではないが、子どもたちもそこで育てできて思い出がいっぱい詰まった家だ。その家が朽ちて滅びていくのを見るのはとてもつらい。だから、できれば行きたくないが、メディアに報道してもらえなければ全国の人に現状を理解してもらえないと思うので、辛くても案内して見てもらっている。

六、賑やかな酒宴

日立で新たな暮らしを始めた関場さんを訪ねるのに、今野寿美雄さんに同行をお願いして一緒に来ていた。今野さんと健治さんは親戚関係にあり、健治さんは今野さんの本家筋にあたる。来る途中で今野さんは、「兄貴は絶対にシェフの腕を振るって待ってるよ」と言った。今野さんは健治さんを「兄貴」と呼び、津島にいた頃、健治さんの家に遊びに行くと、釣ったヤマメを塩焼きにして食べさせてくれたとも言った。また「兄貴が向こうからナナハンに乗ってくるの。格好よかったなぁ。後ろに乗せてもらって飛ばすのよ。ヒャーッと風切って行くんだよな」と、懐かしそうに話してくれた。

今野さんの言った通り、招き入れられたリビングのテーブル一杯に、ご馳走が並んでいた。小さいヤマメの唐揚げ、大きなヤマメの塩焼き、百合根・舞茸・かぼちゃ・サツマイモの天ぷら、ゼンマイの炊いたの、きゅうりの塩漬け。それらの素材に津島の日々を思った。ヤマメは請戸川ではなく新潟の川で健治さんが釣ってきたもので、ゼンマイも健治さんが新潟の山で採ってきて塩漬けにしておいたものだし、舞茸も新潟で買ってきた。かぼちゃやきゅうり、さつまいもは畑で作った野菜だ。津島の食卓も、きっとこうした料理が並んでいたことだろう。

今野さんは「久しぶりに兄貴に会うから」と、一升瓶のお酒を手土産にして来た。飲みながら食べながら話に花が咲いている時に、次女のSさんと孫のKちゃん（小2）が来た。今野さんは「あれ、Sじゃないか。Mはどうしてる?」と聞いた。Sさんの夫のことを尋ねたのだ。今野さんが原発技術者として働いていた時に、別の会社の新入社員だったMさんにいろいろ教えたり助けてあげたりしていたそうだ。

健治さんと今野さんは2人で1升瓶を空にして、すっかり出来上がった健治さんはソファで横になっていた。Kちゃんが健治さんの側に行くと、健治さんは寝たふりをしながら手や足でKちゃんにちょっかいを出していた。するとKちゃんは、「じっち（爺じ）は私のことかまってないで、お客さんの相手をしなさい」とおませな口をきき、テーブルで話をしていた私たちはそのやりとりに笑い、健治さんもまた寝たふりをしながら笑いを堪えていた。そんなところへMさんがやって来た。今野さんがいるのに驚き、今度は今野さんとMさんの酒宴になった。仕事上の先輩後輩として付き合っていた頃の話に花が咲いていた。

やがてSさん家族は帰って行った。

再会の挨拶の後で「柳津からこっちに引っ越して良かったです。娘たちの所と息子の所と、ちょうど中間辺がここだから集まりやすいの。家族が近くにいるのがいいですね」と言った和代さんの言葉が思い起こされた。

この日、私が泊めていただいた部屋の本棚には、農業関係の書籍や雑誌『現代農業』が数年分並んでいた。有機栽培や無農薬栽培に関する本もある。健治さんはこれらの本を参考にしながら、野菜を作っているのだろう。

21歳から被災当日まで長距離トラックの運転手をしていた健治さんが、畑で野菜を作り始めたのは柳津に避難していた頃からのことだ。だが健治さんが時々送ってくれる野菜は、大きさは不揃いだけれど野菜本来の味が濃くてとっても美味しい。この日も私は、丹精して育てられた野菜の滋味をありがたく頂きながら、「浮き草暮らしの感じ」と言った健治さんの心中に思いを馳せていた。

七、それからのこと

２０１９年、関場さんは日立市に墓地を購入した。両親の１７回忌に合わせてお墓の移転を考えていたができなかったので、できればこの春にと思っている。

故郷の地に、そのまま眠らせておいてあげたいのに、叶わない。亡き人たちの安住の地さえも、こうして乗っ取られてしまう。

「ふるさとを返せ！」津島原発訴訟は２０２１年１月７日に結審した。判決はこれからだ。２０１６年に６８３名、２３４世帯で提訴した裁判だが、既に４４名の原告は故人となった。血の通う判決が欲しい。

少し長いあとがきを

我が家の３・１１

２０１１年3月１１日。あの日、私たち夫婦は家にいた。息子の家はすぐ隣で、息子は出張中だった。嫁は2歳になったばかりの孫（男児）を連れて、中の孫（女児）を迎えに幼稚園に行っていた。小１の上の孫（男児）は学校だった。これまでに体験したことがなかった大きな揺れが来て、私たちは外へ出た。家の前の路上には近所の人たちも出ていて、向こうの辻では抱き合って泣いている女性の姿もあった。私は夫に言って、上の孫を迎えに小学校に向かおうとした時、嫁が孫を連れて戻り、二人を私たちに託して今度は上の孫を迎えに行った。戻ってきた彼らも我が家に来て、息子が出張から帰ってくるまでは一緒に過ごすことにした。

余震が酷かったので孫たちをテーブルの下に潜らせ、私と嫁は当面の食材など必要な品の在庫や買わなければいけないものなどを確認しあった。夫が見ているテレビの画面には押し寄せる壁のような波に建物や車が呑み込まれるように隠れ、地をベリベリと剥がすように引き返す波に建物や車が運び去られる様が映し出されていた。座布団を抱え持ってテーブルの下にいる孫たちは余震の揺れを怖がりもせず、非日常に興奮しているようだった。揺れが収まると「ツナミ」と言いながら座布団を床に滑らせたりしていた。私は孫たちのそんな遊びを諌《いさ》めることも忘れて、テレビに目は釘付け耳はダンボ状態のまま、嫁とこれからのことなど話し合っていた。息子は仙台に出張していたのだが、午前中に次の出張先の熊本に飛んでいたので無事は確認できていた。夜になっても度々余震があったから、大きなテーブルがあるリビングに布団を運んで嫁と孫たちはテーブルの下に寝かせた。

翌日夕方のテレビでは、爆発して白煙を上げる福島第一原子力発電所の様子が報じられるようになった。「避難」が頭をよぎった。孫たちを守りたかった。夫も同様に思っていた。だが、どこへ避難すれば良いのか。私には帰るべき実家はなかったし、夫の実家は東京に程近い千葉だし嫁の実家は東京の郊外で、いずれも避難先には考えられなかった。思い倦《あぐ》ねて沖縄に住む夫の友人に連絡をすると、「おいでよ」と返事が返った。

孫の通う小学校は3学期を少し残したまま、休校になった。中の孫の幼稚園は16日に卒園・終了式が予定されていたが、それまでは休園とされた。沖縄行きのチケットは早い日付は取れず17日のチケットを取った。その日はすぐに出かけられるように支度をして、中の孫と嫁が幼稚園から帰るのを待って、出発した。その夜は那覇空港近くのホテルに泊まり、翌日出張を終えて熊本から来る息子を空港に迎えにいった。空港でレンタカーを借り、息子が運転して私たち夫婦と上の孫二人を街中で降ろし、息子夫婦と末孫は沖縄県旅券センターへ行った。息子夫婦は2年前までサンフランシスコに住んでいて、上の孫二人はアメリカの居住権が有る。彼らのパスポートも持って出てきていた。息子夫婦も私たち夫婦も、パスポートは持ってきた。原発事故の今後の状況によっては、日本を離れることも選択肢に入れて、末孫のパスポートを申請するためだった。

手続きを済ませた息子たちとホテルに戻り、翌日みんなで一緒に避難先の国頭村奥間《くにがみそんおくま》に行った。そこでは孫たちは外の草原でかけっこをしたり浜に行って貝を拾ったり、時には泳いだりもして伸び伸び楽しく過ごしていた。末の孫は走って転んだり、目が離せなかった。夫は部屋にいる間はテレビを付けっぱなしでニュースを見ていた。私は東京に居る間も沖縄に避難していた時にも、ネットで情報を探っていた。たくさんの情報が溢れていて、互いに随分違う情報もあったりして取捨するのも迷ったが、信頼できる友人の情報を指針にして、選び取っていった。テレビで伝えられる政府の言葉は信じられなかったし、ネットの情報も全て鵜呑みにはできなかった。

3月の終わりに私たち夫婦は東京へ戻り、息子たちは末孫の旅券が下りるのを待って、それを持って東京へ帰ってきた。そして4月、上の孫は2年生に、中の孫は年長組に進級し、末の孫はお姉ちゃんと同じ幼稚園の年少組に入園した。

「死の灰」への恐怖から

ビキニ環礁でのアメリカの水爆実験で「死の灰」を浴びた第五福竜丸が焼津《やいづ》港に帰港したのは、1954年3月、私が小学4年生の時だった。広島・長崎に投下された原爆のことを学校で習っていたし、知識や理屈でなく、意識として放射能は怖かった。私が当時住んでいた杉並は「ビキニ事件」を契機に、原水爆禁止運動が始まった地域で、隣り合って住んでいた叔母は運動の真っ只中にいた。叔父もまた私の母も、もちろん運動を強く支持していた。母よりも叔母と一緒にいる時間のほうが長い私も、叔母の影響を大きく受けていた。

大人になってから読んだ本や、広島を訪ねて原爆の被害を知っていったが、それでもまだ物理や科学の知識は持てなかった。1986年4月、旧ソ連のウクライナでチェルノブイリ原発事故が起きた時、小学生の時に感じた「死の灰」への恐怖感がまざまざと蘇り、原発には反対という思いを強く抱いた。第五福竜丸の事件があった頃のことだったと思うが、「原子力の平和利用」という言葉を新聞で見ていた。子どもの頃から私は、「大人、なかでもえらい人たちは嘘をつく」と、大人への不信感を抱いていたが、「原子力の平和利用」という言葉も、子ども心にもやっぱり嘘だと思っていた。チェルノブイリ事故でその頃のことを思い出した。

「原発には反対」の思いを抱いてはいたが、そのことで何か積極的に行動を起こしはしなかった。署名運動が起きた時には署名はしたが、集める側になることはなかった。原発反対と思っていても原子力発電の原理や仕組みを知ろうともしていなかったし、理論や科学の知識を梃《てこ》に反対と思っていたのではなく、核兵器に繋がるウランを燃料にしていることと、ウランを鉱山から採掘するのに先住民の住む地域で大きな被害が起きているからという理由からだった。その頃の私の「原発反対」は、知識からではなく感覚からだったし、行動に起こすのではなく、「思っている」というだけだった。

食べ物、特に子どもたちの口に入る食品には、大いに気を配っていた。化学物質や化学肥料など自然界にないものを食べさせたくなかった。チェルノブイリ事故後はなお一層、食品が気になった。保育士をしていたが、勤務先でも園長や栄養士、保健婦や同僚たちも、みんな同じ思いで働いていたから、仲間たちから教えられることも多かった。口から入るものが、体や心に大きな影響を与えることを、日々の実践から学んでもいった。

福島へ行きたい！

余程見たい番組でなければテレビは見ないで過ごしている私だが、２０１１年３月のあの日から数週間は、東日本大震災とそれに続く原発事故を報ずるテレビに見入る毎日だった。政府の発表は、信じられなかった。また、私が知りたいことは報じられなかった。福島へ行きたいと思った。福島の〝いま〟を、知りたかった。

被災地のいまは、どんなだろう？　あの白い壁が襲い黒い水になって引いていった被災地で、人々は何を思ってどんなふうに日々を過ごしているのだろう？　放射能が降った地で、そこから離れずに暮らしている人たちは、どんな生活をしているのだろう？　なぜ避難せずにそこに留まっているのだろう？　避難できないのはなぜだろう？

そうしたことは新聞でもテレビでも、レポーターが伝えてはいた。でも、私には伝わってこなかった。目と耳で情報を得るだけでは、私にはよく解らなかった。頭で知るのではなく、体で感じたかった。福島へ行きたかった。でも「知りたい」というだけで被災地へ行くのは、不謹慎だと思っていた。大変な状況下にある被災地へ、自分の興味だけで行ってはいけないと思いこんでいた。

チベットが好きで何度も彼の地へ通っていた私だが、その数年前から友人たちと「チベットの歴史と文化学習会」を主催して、講演会を重ねてきていた。いつもは東京で開いていたが、2011年7月には岩手県の花巻で開催した。9日に花巻に行き10日が学習会だった。出発前に主催者側の仲間たちに「せっかく岩手に行くのだから、終わってから被災地でボランティアをしてこない?」と図ると、みんなは賛成してくれた。「遠野まごころネット」にボランティア登録をして遠野に宿を取り、講演会終了後は遠野へ行った。11日の朝「まごころネット」に着くと、200人以上、いや300人以上もいただろうか、たくさんのボランティアが集まっていて、県内の各被災地域へグループごとに分かれてバスで向かった。私たちが行ったのは大槌町で、津波を被った個人宅の瓦礫《がれき》や室内の片付けを受け持った。大きな家具などは運び出されたのか既に無かったが、食器や写真、額、など被災前の生活がうかがわれるかずかずの品《しな》が汚泥と共に散乱していた。それらを分別していると、その家のご主人がクーラーボックスに冷たい飲み物を持ってきて、私たちに礼を言いながらすすめてくれた。夏空の下で汗だらけになっていた私たちは、ありがたく頂いた。後で仲間の一人が、「ご家族を亡くされた人だと思う。表札の名前とお顔に見覚えがある。ニュースで見たように思う」と言った。その時のボランティアはその日1日だけのことだったが、被災地で、私にもできることがあるのだと思えた。後になって、その日は月命日だったと気付いた。

同じく7月24日、私は長野へ行った。【脱原発ナガノ・2011フォーラム「3・11フクシマ」から「脱原発」へ！】という集会の中でのシンポジウム、「3・11　それでも、私は命を繋いでいく」に出るためだった。映画監督の坂田雅子さん（ドキュメンタリー映画『花はどこへ行った』）、同じく映画監督の纐纈《はなぶさ》あやさん（ドキュメンタリー映画『祝《ほうり》の島』）、そして私の三人が、寺島純子さん（オフィスエム代表）の司会で話し合うものだった。集会では他に関口鉄夫さん（環境学者）の講演、「変わらなきゃ、ニッポン！」があった。関口さんの講演ではスクリーンに何枚かの写真が映された。その中の1枚が、私と福島を繋いだのだった。それは「南相馬　ビジネスホテル六角」の看板を掲げた建物の写真だった。目にした時に咄嗟に思った。「南相馬のボランティアセンターにボランティア登録をして、ここに宿を取れば良いのだ」と。福島に行きたいと思っていても、広い福島のどこへいけば良いのか思い倦ねていたのだ。

私はなんと、ものを知らずに生きてきたのか！

2011年8月24日、新幹線の福島駅で降り南相馬行きのバスに乗った。東京駅で新幹線に乗る前に福島でのバスの発車時刻や南相馬への到着時刻は、もちろん調べていた。南相馬に着いたら、どこかでお昼ご飯を食べてビジネスホテル六角までタクシーで行けば良いと思っていた。

福島市内を抜け、伊達市を抜けて相馬市に入り中村神社前を通り「相馬道の駅」の前を過ぎ、南相馬・原町駅前がバスの終点だった。福島駅から乗った数人の乗客たちはみんな途中の相馬で降りて、終点まで乗っていたのは私一人だった。終点の常磐線原ノ町駅は閉じられていて無人だった。常磐線は沿線が津波の被害を受けて線路や駅舎が流され、不通だと報じられていたのを承知していたのに、目の前の事実を見るまで理解できていなかった。通りには人の姿が無く、通る車も皆無だった。商店も軒並み閉まっていた。駅前には「タクシー乗り場」のポール看板があったが、タクシーは止まっていなかった。「南相馬に着いたら、どこかでお昼ご飯を食べて」などと、浅はかな私だった。営業している店が無いことは、思い巡らせれば想像できた筈なのに、全くバカで脳なしの自分を思い知った。タクシーがなければ、歩いていけば良いと思ったが、距離を考えたら何か食べておきたかった。歩きながらあちこち見回していたら、赤い布の旗がヒラヒラして「立ち食いうどん」とあるのが目に入った。「助かった」と思いながら店に行くと扉に「10時~2時」と書いてあり、私の腕時計の針は1時45分だった。注文のうどんを食べ終えて、店の人にタクシー会社の電話番号を尋ねた。教えてもらった番号に電話をかけ、駅前の乗り場でタクシーを待った。

それからのことは、本文「やりたいようにやってきた　大留隆雄さん」の項や、前著『聞き書き　南相馬』で書いた。だが私は、初めて南相馬へ行ったこの日のことを思い出すたびに、

「私はなんと、ものを知らずに生きてきたのか」と思い、また「なんと想像力の乏しい私だったか」と思わずにはいられない。

想像力は大事だと言われ、それはもっともだと思うが、例えば「タコが空を飛んでいたら……」などという荒唐無稽《こうとうむけい》な想像ではなく、自分の体験を超えて実社会のことを想像することは、なかなか難しい。けれども「今」ほど、そうした想像力が求められることはこれまでに無かったのではないだろうか。文化も経済もその他さまざまなものがグローバル化している現代こそ、豊かな想像力が求められるのではないだろうか。昨日買った品物が、行ったことのない国の知らない町の誰かの手で作られているような今という時代、その品を作った人の暮らしを想い浮かべそこでの暮らしに思いを寄せるべきではないか。

行ったことのない世界各地をテレビやパソコンの画面でレポーターの言葉を聞きながら見てその地を知った気になり、実際にそこに行った人の話に「ああ、あそこはこうなんだよね」などと、言わないまでも思ったことはないだろうか。目から入る文字と耳から入る言葉で、「知っている」などと思い込んでいないだろうか。福島へ通いながら私は、もっと自分を開きたい、感覚を研ぎ澄ませたい、柔らかく受け止める心を持ちたい、そして、もっと豊かな想像力を持ちたいと思う。

初めの頃は六角を拠点にして南相馬に通っていた。やがて飯舘村、浪江町など他の地域へ行くようになり、また避難して東京近辺で暮らす人たちにも会うようになった。被災者・被害者の方たちから話を聞かせてもらいながら、彼らが起こした裁判に支援者として関わり、裁判を傍聴してきた。そうして聞かせてもらってきたたくさんの話、たくさんの思いがある。でも私は、彼らの言葉を、真に聴き取ってきただろうか。彼らの心にしっかりと想いを馳せてきただろうか。心許ない。きっと話してくれた誰もが、私が想うよりもずっと厳しい体験をし、深く思い巡らせてきたに違いない。

幼かった日々に戦争を体験した人たちの話も聞いた。
低空飛行の轟音《ごうおん》に機銃掃射のダダダダダッという音を思い出して、つい耳を塞いでしまうと言ったのはY子さんだった。Uさんは夕焼けの空を見ると原町の空襲を思い出すと言った。家は町から離れていたから赤く燃えるのを綺麗だなと思って眺めていたという。父親とその弟二人、妹と家族四人が戦死したMさんは「誉《ほまれ》の家」の子として、誇らしかったという。別の人からは、原町の特攻隊の訓練基地の兵隊さんに慰問袋の中に手紙を入れて送ったら、兵隊さんから返事をもらった話を聞いた。お父さんが招集されて戦地に行き、お母さんとお祖母《ばあ》さんと三人で留守を守りながらお父さんの無事を祈っていたとEさんは言った。これらの話から私は、私が生まれるほんの少し前の福島を知り体で感じていった。

戦後の貧しかった頃の話も聞かせてもらった。

満州から引き揚げてきて笹屋根の小屋に住んで、炭焼きをしながら荒れ地を開墾して少しずつ畑にしていったことを聞いた。お父さんが出稼ぎに行き、お母さんが一人で畑の仕事をしなければならなかったから、小学生のK子さんが弟の世話をしながら夕飯の支度をする毎日だった。私よりほんの少しだけ若いY子さんは、学校から帰ると農馬に履かせる藁靴を編んだり、荒縄を綯《な》ったりするのが子どもの仕事だったと話してくれた。金の卵と言われて就職列車で東京へ行き蕎麦屋で働いたが、休みもないし友達もいないし、淋しくて2年経たないうちに帰ってきてしまったと言ったのはAさんだった。この頃の話ももっとたくさん聞き、私が過ごした子ども時代とは異なる暮らしがあったことを知った。戦争中のこともだが、この時代の日本各地のこともそれまで本でいろいろ読んではきたが、お国訛りの言葉で話される体験談は、目で文字を読むよりも一層リアルに思い浮かべる事ができた。

2011年のあの日のこと、あの日から後のことは、もっとたくさん聞いてきた。

避難所で会えない家族を探しに自宅の方へ行った時にT子さんが見たのは、農業用水路に「泥鰌《どじょう》のように重なって絡まった」津波の犠牲者だったという。「酷いもんだな」と、T子さんは言った。酪農家のSさんは自家用の牧草が放射性物質に汚染されて使えなくなり北海道からの支援の牧草で助けられたと聞かせてくれた。東京へ避難して小学校へ通っていた孫が、言葉遣いがおかしいとからかわれて不登校になったので戻ってきたと言ったのはSさんだった。睡眠薬を飲まないと眠れないが、飲んで寝てもふと目覚めてしまう。するとガラガラァゴゴゴォッという津波の音が耳に響いてきて、もうそれきり眠れなくなるとMさんは言った。Tさんは、隣の県に用事で行った時、車の窓を開けたらカエルが鳴いていた。それを聞いた途端、「俺たちは季節も失くしてしまった」と思って泣けてきたと話してくれた。

テレビでは繰り返し繰り返し津波の様子が流されていたから、巨大な波の猛威はしっかり私の目に焼き付いていた。けれども音には思い及ばなかった。また消えてしまった音があることにも、想いは及ばなかった。

裁判支援の傍聴でも、放射性物質に故郷を追われ、生活を奪われた被害者である原告の声を聞いてきた。

父親が転勤族で、たいていは商店も近くにある社宅暮らしで便利な場所が多かった。父の転勤に伴って転校続きだったから親しい友達はおらず、故郷と呼べる地がなかった。結婚して夫の故郷の村で暮らすようになり、朝はかまどで火を起こすことから始まる生活に驚いたが、地域の人たちに隔てなく受け入れられ暮らすうちに、ここが故郷だと思うようになったというHさんの言葉は、同じように故郷の地を持たない私に深く響いた。そしてこの裁判の他の原告たちの「ふるさとを返せ！」の声は、私自身の声にもなっていった。

思いがけない言葉も聞いてきた。

被災前には三世代で暮らしていたが、娘夫婦と孫は借り上げ住宅に入り、Aさんは仮設住宅で一人暮らしとなった。家族で一緒に暮らしたいと言い続けていたAさんだったが、やがて家族で一緒に暮らしたいというのは間違いだった。それぞれの生活があるのだから、私は老人ホームに入ると言うようになった。Eさんも他県の借り上げ住宅に入居した息子たちと別れて、仮設住宅の独居となった。その彼女が言ったのは、何世代も一緒に暮らしてそういう暮らしをつなげていくのが立派な家系だと思ってきたが、そうした日本の家父長制の家族体系は変えていかなければいけないと思うということだった。

これらの言葉は思いがけなくもあったけれど同時に、女性が社会を変えていく力になるのだということをも思った。それぞれ個有の原発被害があり、人生があるのだと思った。

伝承館はできたけれど

多くの人からたくさんの話を聞きながら、私は福島の今を知ってきた。まだまだ知りたいことはたくさんあるし、これからの福島を見てもいきたい。

2020年9月20日に「東日本大震災・原子力災害　伝承館」が原発立地の双葉町にオー

プンした。これは国が事業費を負担し、「公益財団法人　福島イノベーション・コースト構想推進機構」が指定管理者として運営している施設だ。行ってみた。入館料600円（小中高300円）を払い、螺旋のような緩いスロープを上っていく。壁には3月11日からの写真が貼られ、巨大なスクリーンで震災前の地域の生活から3月11日からの地震・津波・原発事故を経て、その後の地域の変貌を見せていた。私はここに「その後の地域の変貌」と書いたが、これは「復興」と称されている。だが、何か新しい建物が造られたり、道路や鉄道が再開する事が復興だろうか。いまだに避難者が6万人以上いて。避難者ばかりか地元にいる人たちの暮らしも元に戻っていないのに。今まだ「原子力緊急事態宣言」は発令されたままなのに、復興したと言えるのだろうか。

原発事故後の対応を映像で映し出したり証言や品々が展示されていたが、何を伝承しようとしているのか疑問ばかりが膨らんだ。まるで学校の授業で歴史を習ったときのように「710年、平城京に遷都」「1945年9月2日、ミズーリ号で降伏文書調印」「2011年3月12日東京電力福島第一発電所1号機水素爆発」というように歴史年表で事柄を伝えているだけのように思えた。おまけに展示室の最後、出口の辺りに赤い文字で記されていたのは「2020年9月20日、伝承館開館」の文字だった。あたかもその文言は、「原発事故は、めでたくこうして終わり伝承館ができました」と言っているかのようだった。国の姿勢が、如実に見て取れる。原発事故は終わったと言いたいのだ。とんでもない施設だった。

伝承館の周辺は除染されて広い芝生の広場になって、浪江町に跨って広大な公園「福島復興祈念公園」が造成されている。土を盛って「追悼と鎮魂の丘」などと称した丘も造るらしい。

伝承館ばかりでなく、原発事故の実態、その被害、被害者の現実から目を逸らそうとする施設が次々に建設されている。いや、目を逸らそうとするばかりか「東京電力はこんなに頑張って事故処理に当たっている」ということを来館者に植え付けようとさえしている。「廃炉資料館」という施設もある。館内を案内する人がまことしやかにこう言う。「原発事故は津波という天災ではなく、傲《おご》りと過信が生んだものでした。深く反省しています。深い反省と教訓を胸に刻み責任を全うし、廃炉をやり遂げます」。深い反省と教訓を胸に刻むと言いながら、柏崎《かしわざき》刈羽《かりわ》原発を再稼働させようとしているのだ。騙《だま》されてはいけない。他にもこういう施設はあって、学校の課外授業や遠足、修学旅行などの訪問先に選ばれたりしている。

帰還困難区域

福島には今も、放射性物質による汚染が酷く、自由に立ち入れない地域がある。帰還困難区域と言い、住民も立ち入りを申請して許可を得ないと入れない。

原発事故で大量に放出された放射性物質は、風雨によって拡散されていった。住民の被ばくの危険回避のために避難指示が出され、時間の経過と共にその範囲も変わっていった。

3月11日19時3分、原子力緊急事態宣言が発令された。そして原発から半径2キロ圏内に避難指示が出され続いて3キロ圏内に広がり、翌日は10キロ圏内、さらに20キロ圏内にと避難指示区域は広げられていった。その後20キロ圏内を「警戒区域」に、20キロ圏外でも年間の被ばく量が20ミリシーベルトになりそうな区域を「計画的避難区域」に、原発から20～30キロ圏内を「緊急時避難準備区域」とした。また、「警戒区域」や「計画的避難区域」以外でも風向きや地形によって年間の積算線量が20ミリシーベルト以上になるホットスポットは「特定避難勧奨地点」とし、南相馬の山側地域の7行政区内の一部を地点指定した。

その後2012年4月に、区域再編成が行われた。年間積算線量が20ミリシーベルト以下になる事が確実とされる地域は「避難指示解除準備区域」に、20ミリシーベルトを超える恐れがあるが、住民の一時帰宅や道路等の復旧に立ち入りができるようにと「居住制限区域」が設けられた。年間積算量が50ミリシーベルトを超えて5年経っても年間積算量が20ミリシーベルト以下にならない区域は「帰還困難区域」とされた。

2014年12月28日に国は、南相馬の「特定避難勧奨地点」の避難指示を解除したが、地域住民206世帯・808名がこの避難指示解除は違法だとして「南相馬・避難20ミリシーベルト基準撤回」訴訟を起こした。

原発事故から10年目を迎える2021年1月に、大熊町・双葉町の帰還困難区域に行ってきた。帰還困難区域に入るには一時立ち入り許可を申請し、許可を得ないと入ることはできない。大熊町へは、そこからいわき市に避難している木村紀夫さんの一時帰宅に同行した。双葉町へは、その町の仲禅寺の住職をしている田中徳雲さんが、寺の様子を見に月に一度入る日に一緒に行った。

大熊町の木村さんの自宅は福島第一原発から3キロ地点だ。自宅は津波で流され、家族の三人が犠牲になった。父親の王太郎《わたろう》さんは自宅のそばで遺体で見つかり、妻の深雪さんは洋上で自衛隊が発見した遺体が焼かれた後に、その遺骨のDNAで判明した。二女の汐凪《ゆうな》ちゃんはどこにも見つからず、木村さんは行方不明の汐凪ちゃんを探し続けてきた。自宅の裏の丘にお地蔵様を安置し自宅周辺には花を植えている。2015年にこのお地蔵様を安置する日に、私も同行させていただいた。だから木村さんと一緒にそこへ行くのも2度目だった。

富岡のインターチェンジ近くの駐車場で木村さんと待ち合わせ、そこから木村さんの車で現地に向かう。途中のスクリーニング場で不織布の上着とズボン、キャップ、靴カバー2種類、マスクと手袋の入ったプラスチック袋を渡された。その先にゲートがあり、木村さんは警備員に同行者名簿を見せ、チェックを受けてゲートを開けてもらい中に入った。まず向かったのは大熊町立熊町小学校だ。車を降りる前に不織布の服を来てキャップを被り、白い不織布の脛まである長いオーバーシューズを履いて、その上からもう1枚ブルーの短い靴カバーを履き、手袋をつけて外に出た。木村さんが向かったのは汐凪ちゃんの教室だった。

窓ガラス越しに1年2組の教室を見ると、どの机の上にも黄色い表紙の辞書が載っていたが、そのどれもが乾燥のためにすっかりページが膨らんでしまっていた。他にも学用品や帽子がポツンと一つ置かれていたりして、机の上の辞書の膨らみを除けば、まるでほんの少し前に休み時間になってみんなは校庭に出て行ってしまった教室のようだった。10年という時間は無かったかのようだった。木村さんが「前から3番目、こっちから4列目が汐凪の席です」と言った。その机の上に辞書はなかった。遺品として木村さんが先生から受け渡してもらったからだ。後ろの壁には「わたしのたんじょうび」と書いた大きな模造紙が貼ってあり、4月からの月毎に子どもたちが自身で描いた顔の絵がその上に貼られ、生まれた日にちが書かれていた。汐凪ちゃんは8月生まれだが、そこには汐凪ちゃんが描いた自画像は貼られてなかった。私が「あれ?」と声に出したのに気付いて木村さんは、「汐凪のは、僕がもらいました」と言った。

中間貯蔵施設を見た。幸い日曜日だったので作業は休みで、警備員もいなかった。もちろん中には入れないし、入りたくもないが、フェンスの際《きわ》まで行ってじっくりと中を見下ろせた。一面に敷かれた防護シートの下には、一体何層に積まれているのだろうか、フレコンバッグに入った高濃度汚染土がギッシリと埋められている筈だ。ここは中間貯蔵施設なので、30年ここに保管したらその後掘り出して、永久貯蔵施設に移すという。だがそんな場所はまだ決まっていないし、そんなものを引き受ける候補地があるというのだろうか。だから「中間貯蔵施設に30年間保管」などという言葉を誰も信じてはいない。もしも、もしも仮に移管先が決まってそちらに移されたとして、では30年間汚染土が埋められていた跡地を誰が何に使えるというのだろう。木村さんの自宅周辺はこんな中間貯蔵施設となった。環境省からは木村さんにもその土地を中間貯蔵施設候補地にと交渉されたが、受け入れなかった。木村さんは土地を手放す気はない。もしかしたらそのどこかに最愛の我が子が眠っているかもしれないのに、中間貯蔵施設にされてしまったら、助け出してやることもできなくなる。

アーム型の屋根の骨組みだけを残した水産試験場や特別養護老人ホーム「サンライトおおくま」などを車窓に見ながら、かつて海水浴場だった浜へ向かった。その途中の路肩には「空缶、ゴミ捨てるな！」と書かれた看板が立っていた。10年以上前からここにこうして在った看板だろうが、文字の色も失せずに立っていた。放射性物質が降り注ぎ高濃度に汚染された地に、ブラックユーモアのような看板文字だった。

２０１６年１２月２６日に自宅の近くの瓦礫の中から汐凪ちゃんの遺骨の一部が見つかった。木村さんがお地蔵様を安置し慰霊碑を建て、花を植えて綺麗にしているのは汐凪ちゃんの思い出のためだけではない。周辺の様子がすっかり変わってしまえば、あの災害と人災の記憶を遺すことができなくなると考えるからだ。第一避難所だった地区の熊川公民館は波を被った半壊状態で撤去の対象となる建造物だが、木村さんはそこをわざわざ壊すのではなく遺構として残し自然に朽ちるに任せたら良いと考え、町にはそう申し入れている。また近くにあるお寺のご住職に話して、瓦礫の中から見つかった遺品類、衣服やランドセル、靴やボール、人形などおもちゃ等々の汚泥を落とし洗って綺麗にして、寺の中に展示させてもらっている。これらは津波を被った品々ではあるが、原発事故さえなければ救助隊に助け出されたかもしれない命が、身に纏い、手にして使っていた品々だ。こうした品々こそ、「東日本大震災・原子力災害」を伝承する物ではないだろうか。平台に並べられた品々は、かつて確かに在った日々を伝えていた。２０２０年９月に開館したあの伝承館では、未だに６万人を超える避難者がいることも、甲状腺がんと診断された子どもが２５０人もいることも伝えてはいなかった。「経験していない人たちにどう伝えていけばいいのか……。怖いもの知らずが、いちばん怖いっすね」。木村さんの口からボソッと出た言葉だった。

「１０年経って、どう思っていますか」と木村さんに尋ねると、いつもの朴訥な口調で、「原発事故から後は時間の流れがとても速く感じるけど、事故前の時間って、本当にあった時間なんだろうかって思っちゃうんですよね」と答えが返った。

翌日は小高の同慶寺ご住職、田中徳雲さんと一緒に双葉町の龍頭山仲禅寺へ行った。この寺もまた、平成18年から徳雲さんがご住職を務め、被災前の毎週水曜日はここで過ごしていたという。前日に木村さんと大熊町に入った時と同様に、警備員に申請者名簿と身分証明書を見せてゲートを開けてもらった。枯れススキの原は、田んぼだった所。雑木の茂みも田んぼだった場所。人の消えた田園地帯は、路上にイノシシのトイレットがそこここにある。イノシシにはそんな習性があるのだろうか。おかしなことに糞は散在しているのではなく、ここにたくさんの糞が固まって落ちているかと思うとその先にもまた、何頭もがそこで落としていったような糞の小山がある。群れが同じ場所をトイレにしているようなのだった。

一方向だけに向けてパネルを並べるのではなく、ギザギザの鉤形《かぎがた》にずらりとパネルで覆い尽くした「双葉渋川太陽光発電所」もまた、田んぼだった区域だ。米を育てず2万キロワットの電気を育てる田んぼになった。

沢沿いの道から外れて入った山道は、雪に覆われていた。轍跡を進んだどん詰まりが、仲禅寺だった。山中にひっそりと在る山寺だった。本堂前の鐘撞き堂は、まるでつい先ごろ建てられたかのように鐘楼《しょうろう》の柱も屋根も凛と立ち、青銅の釣鐘の上部には吉祥天だろうか、空を舞う天女のような像が彫り込まれていて美しい釣鐘だった。

徳雲さんは鐘楼の前で合掌してから、鐘を撞いた。空気を震わせ、しじまにその音は響いた。音が静まるのを待ってもう一度撞き、そしてまた、もう一度撞いた。「音を聞いて、あ、今日は和尚が来ている日だなと、檀家さんが顔を出してくれたりしたのですよね」と、被災前の日々を惜しむような声で徳雲さんは言った。

龍頭山仲禅寺の看板が掲げられた本堂の鍵を徳雲さんが開けて中に入ったが、靴のままで上がるのは胸が痛かった。奥の壁は一部が抜けて向こうの草薮が見えていた。御本尊など大事な仏像類は被災後に他所に移したそうで、大磬《だいけい》などの仏具が残っているだけだった。徳雲さんは仏壇に向かって一礼して、般若心経を唱えた。朗々とした声で唱えられるお経が、心に染みた。私も共に唱和したがせっかちな私は、ゆっくり伸びやかに唱える徳雲さんのペースに合わせられなくて途中で挫折してしまった。

脇の壁には徳雲さんを中にした大勢の人が写っている写真が飾られ、そこには「平成18年龍頭山仲禅寺第38世　徳雲和尚晋山式」の文字が記されていた。元町長の井戸川克隆さんが檀家総代だったという。

壁には檀家さんたちの名前とその寄進物を墨書きした古びた木札が、ずらりと掛け並べられていた。そこには「米二俵」「米一俵」などとあり、かつての寄進物は金銭でなく米が普通だったことが見て取れた。「花瓶一対」などというものもあった。やがて朽ちていくであろう人が還れない山寺の存在を残す物として、せめてこれらを残せたら良いのに、それはまた原発被害地双葉町の、歴史の証言物になるだろうにと思う。徳雲さんは空気を入れに、月に一度はここに来ると言ったが、その度ごとにその身に高線量を浴びることを私は思った。

本堂を出てから、私も鐘を三度撞《つ》かせていただいた。本堂の縁の下に積んであった薪は、すっかり崩れて、きっとそのまま土に還っていくのだろう。轍《わだち》の残る雪道を下って来た道を戻ると、前方にキツネが1匹歩いていた。人が消えた里はイノシシやキツネの天下だった。

来たときのゲートから出て住宅街の道を行った。崩れ落ちた屋根、傾いた屋根に草が生えた家、崩れたブロック塀、蔓草がすっかり絡まった門扉、理髪店のガラス窓の内側のカーテンは裾がボロボロで、触れれば裂けそうだ。10年前のあの日、取るものも取り敢えずに逃げたまま、戻って手入れすることもできずに10年経った双葉町の姿だった。一時帰宅で我が家を目にして、心を病む人や、元気だったのに、体調を崩して亡くなった人もあったという。

道路だけはまるで真新しく、アスファルトも鏡のように平で陽光を返し、引かれた白線も汚れは皆無だった。家並みは死んで、道だけが生きているようだった。その道をなおも進んでいけば新たに造成された輝かしい〈復興シンボルロード〉に入り、それは「伝承館」に繋がる道だった。

また春が巡りきて

「なんという時代を生きているのだろう！」と思う。

戦争の末期に侵略地の〈満州〉で生まれた私は、戦争への道を許して歩んできた社会とその時代を生きた大人たちに不信感を燃やす子どもだった。大きくなるにつれて、また〈世の中〉を知ってくるにつれて、角張った正義感は、「なぜだったのか？」という疑問に変わっていった。

今もまだ、なぜだったのかを考え続けている。考え続けながら、あの頃と今が、重なるように思われてならない。子どもの頃に好きだった学科は、算数だった。答えがキッパリと出るからだった。キッパリと答えが出ないのが歴史なのだろう。けれどもだからこそ、なぜだろうと考え続けることが大事なのではないかと思う。

あれから10年が経つ。木村さんも言っていたが、あの日を境に私の中では時間軸が変わってしまった。過酷な事故を経て、ようやく気づいたことがある。原発は、私の中にあったのだ。「原発には反対だと思っていた」なんて言うけれど、結局のところ私は原発の存在を容認していたのだ。そして多分、多くの人もまた、そう感じているのではないだろうか。原発事故の後で図らずも、各地で「原発反対」の声が上がり自然発生的に抗議集会やデモが起きた。それまでのような組織が先導してではなく、個人が言い出して思いを同じくする人が三三五五集まってうねりのように抗議が湧き上がっていった。これは自分の中で「変えなきゃ！」「自分が変わらなきゃ！」という思いからだったのではないだろうか。

本文でも触れたが、事故後に被害者の方達が原告となって、30件以上もの訴訟が提訴された。原告敗訴の判決もあったが勝訴判決もあった。どちらの場合も裁判は第一審で終わらず控訴審となっていった。願わくば司法が勇気を奮って事実に向き合い、国の姿勢に阿ねらない判決を下してほしい。そして住民の願いに添って、原発依存から脱却する流れに棹《さお》差して欲しい。2015年4月14日、福井地裁で樋口英明裁判長が下した高浜原発3、4号機の運転差し止めを命じる仮処分決定の判決文の一部を、ここに記しておきたい。この裁判は二審の高裁で判決は覆されたが、一審のこの文言を心に刻んでおきたい。

「被告は本件原発の稼働が電力供給の安定性、コストの低減につながると主張するが、当裁判所は、極めて多数の人の生存そのものに関わる権利と電気代の高い低いの問題等を並べて論じるような議論に加わったり、その議論の当否を判断すること自体、法的には許されないことであると考えている。このコストの問題に関連して国富の流失や喪失の議論があるが、たとえ本件原発の運転停止によって多額の貿易赤字が出るとしても、これを国富の流失や喪失というべきでなく、豊かな国土とそこに国民が根を下ろして生活していることが国富であり、これを取り戻すことができなくなることが国富の喪失であると当裁判所は考えている」

それにしても今、毎週金曜日に官邸前でシュプレヒコールの声を上げていた頃の熱気は消えているように見える。実際には消えたのではなく、抗議の声や行動が分散しているからなのだ。なんという酷い時代なのかと思う。次から次へと、とんでもない問題が投げ掛けられてくるからだ。戦争への道を開くような安保法制を、なぜあんなやり方で強行採決できたのだろう？　隣人の様子をヒソヒソとスパイのように窺って罪人だと貶《おとし》めることに繋がるような特定秘密保護法を、なぜあんなに急いで強引に通したのだろう？　なぜそんなことが罷り通ってしまうのだろう？　なぜ？　なぜ？　が目白押しだ。そして「あの頃と今が、重なるように思えてならない」私だ。

歴史とはなんだろう。歴史は未来の指針になるものだろう。年表で表されるのが歴史などではないと思う。その時代に生きた人が、誰とどんな家で何を食べて暮らし、毎日何を見たり考えたりしてきたのか。そんな一人ひとりの生活の集大成が、歴史なのではないかと思う。私は、「ふくしま」を知りたかった。そこに暮らす人たちに会いたかった。それはきっと、私自身が自分を変えたかったからなのかもしれない。「原発には反対だと思っていた」私が、そんな自分の言い繕いに「否」を突きつけて、自分を変えたかったのだと思う。

こうした自分勝手な動機で通う私に、お話を聞かせてくださった多くの方たちに感謝しています。とりわけ、本に表すことを快く了承してくださった大留隆雄さん、田中徳雲さん、菅野榮子さん、今野寿美雄さん、関場健二さん・和代さん、ありがとうございました。

一〇年目の春を迎える日に

渡辺一枝

渡辺一枝（わたなべ　いちえ）

1945年1月、ハルビンで生まれ翌年秋に母と共に日本に引き揚げる。
幼い頃に大人たちの会話で耳にした「蒙古」「チベット」「馬賊」の言葉に強く惹かれ、子供の頃のあだ名は「チベット」だった。1987年3月までの18年間、東京近郊の保育園、障害児施設で保育士を務め、退職の翌日に初めてのチベット行に出かけて、その後に作家活動に入る。初チベット行以来、チベットと西北ネパール・北インド・モンゴルなどチベット文化圏へ通い続けている。著書に『桜を恋う人』『時計のない保育園』（ともに集英社文庫）『ハルビン回帰行』（朝日新聞）『チベットを馬で行く』（文春文庫）『わたしのチベット紀行』（集英社文庫）『私と同じ黒い目のひと〜チベット・旅の絵本』（集英社）『小さい母さんと呼ばれて　チベット、私の故郷』（集英社）『叶うことならお百度参り　チベット聖山巡礼行』（文藝春秋）『消されゆくチベット』（集英社新書）『チベット　祈りの色相、暮らしの色彩』『聞き書き 南相馬』（ともに新日本出版社）ほか。

ふくしま　人《ひと》のものがたり

2021年2月25日　初　版

著　者　渡　辺　一　枝
発行者　田　所　　稔

郵便番号　151-0051　東京都渋谷区千駄ヶ谷4-25-6
発行所　株式会社　新日本出版社
電話　03（3423）8402（営業）
03（3423）9323（編集）
info@shinnihon-net.co.jp
www.shinnihon-net.co.jp
振替番号　00130-0-13681

印刷　亨有堂印刷所　　製本　小泉製本

落丁・乱丁がありましたらおとりかえいたします。

ISBN978-4-406-06559-7 C0095　Printed in Japan